W0261470

Anorganische Gaschromatographie

Inorganic Gas Chromatography

Springer-Verlag Berlin Heidelberg GmbH

ISBN 978-3-540-05939-4   ISBN 978-3-540-37615-6 (eBook)
DOI 10.1007/978-3-540-37615-6

Contents

Anwendung der Gaschromatographie zur Trennung und Bestimmung
anorganischer Stoffe/Gas Chromatography of Inorganic Compounds
    H. Rüssel und G. Tölg 1

Anwendung der Gaschromatographie zur Trennung und Bestimmung anorganischer Stoffe

Gas Chromatography of Inorganic Compounds

Prof. Dr. Harald Rüssel

Chemisches Institut der Tierärztlichen Hochschule Hannover

Prof. Dr. Günther Tölg

Max-Planck-Institut für Metallforschung, Institut für Sondermetalle Stuttgart

Inhalt

1. Einleitung 5

2. Apparatives 6

   2.1. Geräteanordnungen 6

   2.2. Trennsäulen 8

   2.3. Detektoren 8

3. Probenaufgabe und Eichung 11

4. Anwendung 15

   4.1. Gase 15
       ausgenommen Wasserstoffverbindungen, vgl. Abschnitt 4.2.

      4.1.1. Wasserstoff 15
      4.1.2. Edelgase 16
      4.1.3. Stickstoff und Sauerstoff 17
      4.1.4. Sonstige Gase 18

   4.2. Wasserstoffverbindungen 21

      4.2.1. Wasser und Wasserstoffperoxid 21
      4.2.2. Halogenwasserstoffverbindungen 23
      4.2.3. Schwefelwasserstoff 23
      4.2.4. Ammoniak, Amine, Hydrazine 23
      4.2.5. Hydride 24

4.3. Halogene und Halogenverbindungen 24

    4.3.1. Halogene und Interhalogenverbindungen 25
    4.3.2. Halogenverbindungen mit Elementen der 2. und 3. Haupt-
          und Nebengruppe 25
    4.3.3. Halogenverbindungen mit Elementen der 4. Haupt- und
          Nebengruppe 26
    4.3.4. Halogenverbindungen mit Elementen der 5.–8. Haupt-
          und Nebengruppe 27

4.4. Carbonyle 28

4.5. Element- und Metalldämpfe 29

4.6. Organische Derivate 29
mit Ausnahme der Metallchelate, vgl. 4.7.

    4.6.1. Substitutions- und Pyrolysereaktionen 32
    4.6.2. Umwandlung anorganischer Verbindungen in organische 33
    4.6.3. Spuren-Anreicherungsverfahren 35

4.7. Metallchelate 36

    4.7.1. 1. Hauptgruppe 36
    4.7.2. 2. Hauptgruppe 37
    4.7.3. 3. Hauptgruppe 37
    4.7.4. 4.–8. Hauptgruppe 37
    4.7.5. 1. Nebengruppe 38
    4.7.6. 2. Nebengruppe 38
    4.7.7. 3. Nebengruppe 38
    4.7.8. 4. Nebengruppe 38
    4.7.9. 5. Nebengruppe 39
    4.7.10. 6. Nebengruppe 39
    4.7.11. 7. Nebengruppe 39
    4.7.12. 8. Nebengruppe 39
    4.7.13. Hochdruck-Gas-Chromatographie 41

5. Literatur 43

Gas adsorption chromatography was developed by E. Cremer (1950) and J. Janak (1954), and gas partition chromatography by A. T. James and A. J. P. Martin (1952). At first these methods were used in inorganic chemistry primarily for the determination of gases and simple volatile compounds [1-5,5a]. *Methods of determining gases have been improved in recent years so that now every gas mixture can be analysed. Moreover, both types of gas chromatography are being used increasingly for other problems in preparative and analytical chemistry. Gas chromatography is almost indispensable for the determination of some organic compounds — e.g. organic silicon compounds among others — and of corrosive, volatile halides. The development of analytical aids is almost completed. Equipment for sample taking and introduction, gas chromatographic columns with inert substrates and detectors of high sensivity are described in the literature and most are commercially available.*

Such methods enable one or more components of a mixture of gases or volatile liquids to be determined. The main problem in performing these analyses is to keep the samples unchanged during introduction, separation by gas chromatography and identification. New developments in the analysis of inorganic substances by gas chromatography are concerned with the derivation of nonvolatile compounds by halogenization, chelating or esterification, for example, as silylesters of inorganic acids. Conversion of highly polar, nonvolatile compounds to volatile derivatives by esterfication is familiar in organic chemistry and is now also used in inorganic chemistry. Most of these experiments are in the early stages, but some methods have been developed in detail and can be used in practical analysis, e.g., of phosphate, beryllium and chromium. Further developments can be expected.

As this article has to be subdivided under its methodological and analytical aspects, it is not possible to use the normal principle of arranging the elements and their compounds under the main and auxiliary groups of the periodic table. There are so many components to be separated all at different concentrations, and so many methods of determination that it is not always possible to arrange them systematically. Carbon compounds cannot always be divided into inorganic and organic. They are included only, if they were formed from inorganic compounds or can be used for the separation and determination of elements, simple inorganic compounds, cations or anoins.

In spite of these handicaps, we believe that this comprehensive literature review shows the growing importance of this relatively new branch of analytical chemistry.

1. Einleitung

Nach Einführung der Gas-Adsorptionschromatographie (GSC) durch E. Cremer (1950) und J. Janak (1954) und der Gas-Verteilungschromatographie (GLC) durch A. T. James und A. J. P. Martin (1952) beschränkten sich gaschromatographische Trenn- und Bestimmungsmethoden anorganischer Stoffe zunächst vorwiegend auf Gase und einfache, flüchtige anorganische Verbindungen [1-5,5a].

Erst in den letzten Jahren fanden die beiden Versionen der Gaschromatographie zunehmend breitere präparative und analytische Anwendung. Ihre Gliederung hat sich überwiegend nach methodischen und analytischen Gesichtspunkten zu orientieren, so daß das gewohnte Ordnungsprinzip, der Einteilung der Elemente und ihrer Verbindungen nach Haupt- und Nebengruppen des Periodensystems, nur sehr begrenzt anwendbar ist.

Die Systematik wird auch häufig durch die Vielfalt der Kombinationen der zu trennenden Komponenten in recht unterschiedlichen Konzentrationen und der deshalb sehr verschiedenen Verfahren gestört. Auch lassen sich bei Kohlenstoffverbindungen nicht immer zwischen anorganischen und organischen Stoffen eindeutig Grenzen ziehen. Kohlenstoffverbindungen werden deshalb nur dann behandelt, wenn sie sich aus typisch anorganischen Ausgangsstoffen bilden oder sich zur gaschromatographischen Trennung bzw. Bestimmung von Elementen, einfachen anorganischen Verbindungen, Kationen oder Anionen heranziehen lassen. Trotz all dieser Erschwernisse glauben wir, daß die umfangreiche Literaturzusammenstellung in der gewählten Form die wachsende Bedeutung dieses noch verhältnismäßig jungen Hilfsmittels der Analytik anorganischer Stoffe erkennen läßt.

2. Apparatives

2.1. Geräteanordnungen

Die meisten Probleme der „anorganischen Gaschromatographie" lassen sich
unmittelbar mit herkömmlichen, käuflichen Anordnungen lösen [5-7], so daß
sich ihre Beschreibung erübrigt. Deshalb sind nur einige Sonderfälle besonders
herauszustellen, wie z.B. die Trennung und Bestimmung von Stoffgemischen
mit sehr unterschiedlichen Siedepunkten (z.B. Gase neben Flüssigkeiten). Mit
der isothermen Einsäulentechnik läßt sich nur jeweils eine Stoffgruppe gut
trennen. Da Temperaturprogrammierungsverfahren zeitaufwendig und störan-
fällig sind, bevorzugt man zunehmend Mehrsäulentechniken [8-12] (Abb. 1) mög-
lichst mit hahnlosen Umschaltungen [13,14].

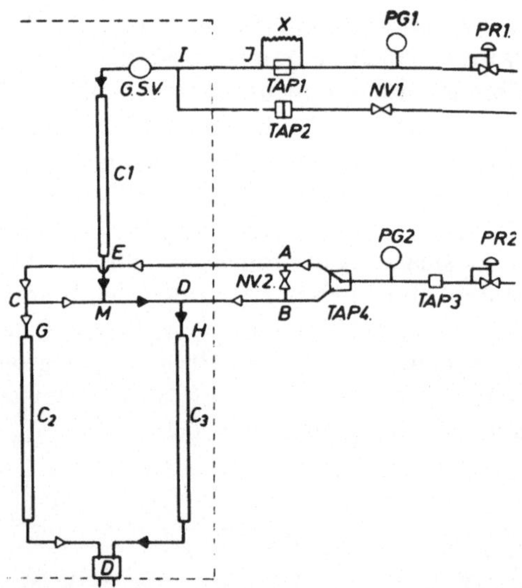

PR1, PR2	Druckregler	TAP3	Auf/Zu-Ventil
PG1, PG2	Manometer	NV1, NV2	Nadelventile
TAP1, TAP2	Auf/Zu-Ventile,	C1, C2, C3	Trennsäulen
	Magnetventile	X	Strömungswiderstand
TAP4	Drei-Wege-Ventil	G. S. V.	Gasprobengeber

Abb. 1. 3-Säulenanordnung mit hahnlosen Umschaltungen nach [13]

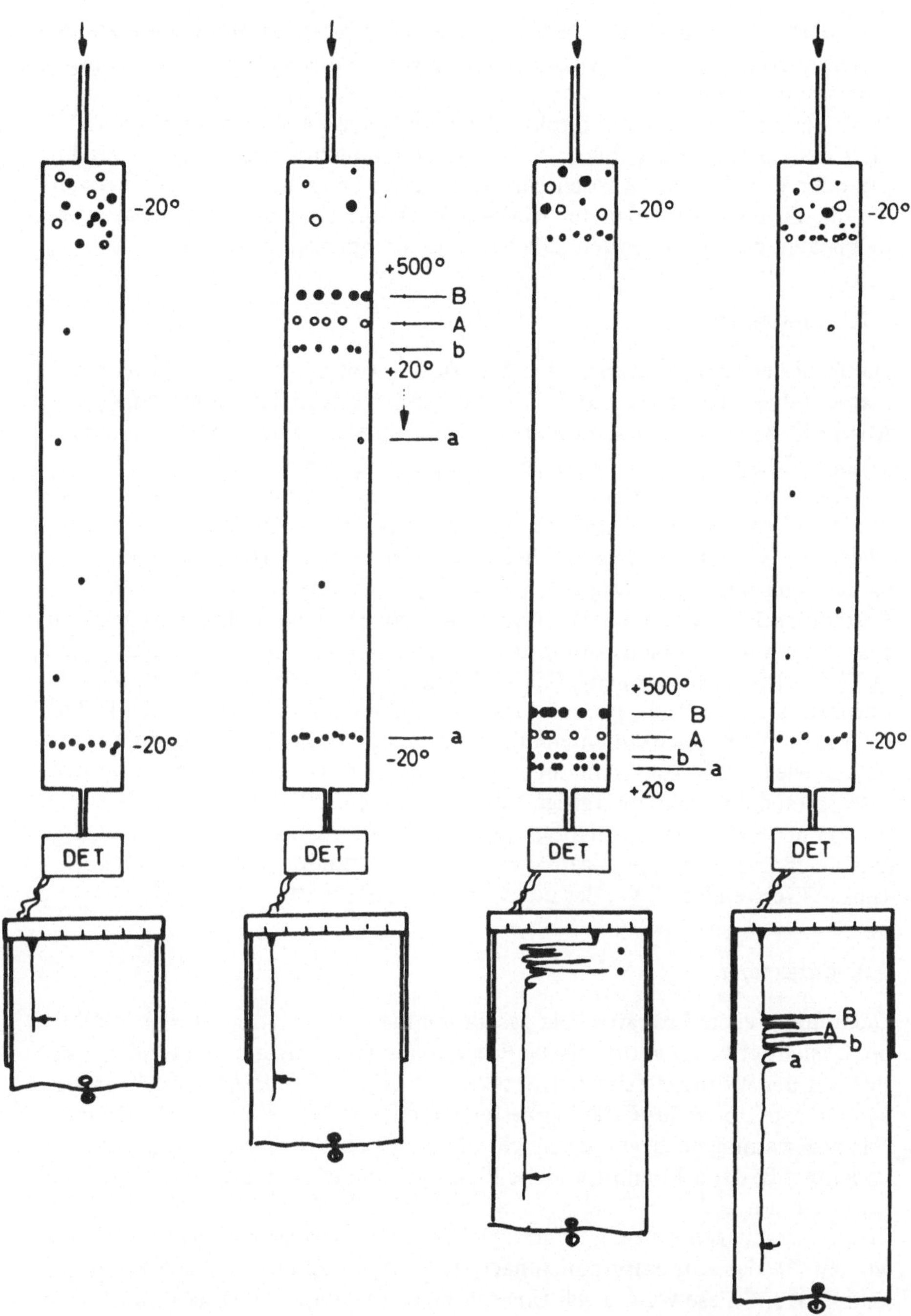

Abb. 2. Prinzip und Arbeitsphasen eines Reversions-Chromatographen nach [15]

Substanzspuren in einer Matrix erfaßt man am besten durch Reversionsgaschromatographie [15-17] (Abb. 2). Die in einer Säule bei niedriger Temperatur gesammelten Spuren werden durch programmiertes Aufheizen der Säule desorbiert. Sie werden entweder direkt oder nach Passage einer weiteren Trennsäule dem Detektor zugeführt [15,18]. Zur Trennung hochsiedender Verbindungen oder Metalle werden Hochtemperaturgaschromatographen [20-23] verwendet, die durch Wahl geeigneter Werkstoffe Trennungen bei Temperaturen ermöglichen, die·weit über den üblichen Trenntemperaturen liegen.

2.2. Trennsäulen

Die Wahl der Säulenmaterialien richtet sich — weit mehr als in der Gaschromatographie organischer Stoffe — nach dem jeweiligen Trennproblem (vgl. Abschnitt 4). Neben Glas, Kupfer, Edelstahl spielen Quarz, Teflon, Graphit, ja sogar Edelmetalle und Sondermetall-Legierungen eine Rolle.

Die Gas-Adsorptionschromatographie erzielte erst durch die Einführung der Molekularsiebe [19,24] und der porösen Polymeren (z.B. *Porapak* [25]) oder *Chromosorb 102*) als Säulenfüllungen große Fortschritte. Diese letzteren Adsorbentien zeigen bei Inertgasen und wäßrigen Lösungen nur eine geringe Restadsorption und schwaches Tailing. Andere geeignete Füllmaterialien sind äußerst unpolare Kohlenstoff-Molekularsiebe (Wasser wird vor Methan eluiert) [26,27], synthetischer Diamant [28], modifiziertes Al_2O_3 [29], Cr_2O_3 [30], modifizierte Kieselsäure [31,32], poröses Glas [33], Alkalimetallchloride [34], Sephadex [35] u.a. [33,36]. Kapillarsäulentechniken mit dünnen Schichten von Molekularsieben, wie sie z.B. zur Trennung von permanenten Gasen empfohlen werden [37,38], setzen eine sehr sorgfältige Vorbehandlung der Säulen voraus[38].

In der Verteilungschromatographie wird neben den vielen in der organischen Gaschromatographie gebräuchlichen Trägermaterialien gesintertes Teflon® verwendet [39-41], das nur sehr wenig adsobiert.

2.3. Detektoren

Die umfangreiche Literatur über gaschromatographische Detektoren [42-44b] berücksichtigt kaum anorganische Fragestellungen. Universell anwenden läßt sich nur der Wärmeleitfähigkeitsdetektor (WLD) [45,45a]. Häufig werden aber andere Detektoren aus Gründen besserer Elementselektivität oder besseren Nachweisvermögens bevorzugt, nicht ohne indirekte Wege in Kauf zu nehmen. So kann z.B. der sehr empfindliche Flammenionisationsdetektor (FID), der bekanntlich nur auf C–H-Bindungen anspricht, auch zur Bestimmung von CO und CO_2 herangezogen werden, wenn diese Verbindungen vorher zu CH_4 hydriert werden [46], das sehr empfindlich nachgewiesen werden kann. Auch Sauerstoff kann z.B. auf diese Weise nach Umsetzung zu CO empfindlich bestimmt werden [47]. Benutzt man z.B. CH_4 [48] oder i-C_4H_9 [49] als Trägergas [47], so erhält man negative Meßsignale, wenn z.B. S-Verbindungen oder permanente Gase den Grundionisationsstrom stören.

Der FID spricht auch auf CS_2 [50] und organische Si-Verbindungen [51,52] an. In der abgewandelten Form des Alkaliflammenionisationsdetektors wird er zum Nachweis von Phosphor [53,54], Stickstoff [55,55a], Halogenen [55-59] und Schwefel [56,56a] in organischen Verbindungen benutzt. Verwendung zur Anzeige dieser Elemente in anorganischen Verbindungen sind möglich, z.B. zum Nachweis von PH_3 [57a].

Von den Ionisationsdetektoren werden der Argon-Detektor [60-67] und der Helium-Detektor [50,68-77] vorwiegend für die Analyse permanenter Gase benutzt.

Der Elektroneneinfangdetektor (ECD) [78], der besonders empfindlich auf Halogene und halogenhaltige Verbindungen anspricht, erlaubt die genaue Erfassung von ng- und pg-Mengen anorganischer Halogenide [79], die z.B. bei der definierten Zersetzung von Chelatkomplexen entstehen [80], von Metallalkylen [81], von Sauerstoffverbindungen, die zu CO und weiter mit J_2O_5 zu J_2 umgesetzt werden [81a], von Schwefelverbindungen [81b] und von Chelatkomplexen mit halogenalkylierten Liganden (vgl. Abschnitt 4.7.).

Für spezielle Bestimmungsaufgaben existiert eine große Zahl weiterer Prinzipien, die konzentrationsabhängige, teilweise sehr elementselektive Meßsignale liefern. So können Moleküle oder Atome in einer Flamme oder im *Mikrowellenfeld* eines Resonators zur Lichtemission angeregt werden, u.U. nach vorheriger Umsetzung zu leicht anregbaren Verbindungen. Die Intensitäten der Emission werden photometrisch registriert. Mikrowellendetektoren werden z.B. für Schwefelverbindungen [82] und permanente Gase [83,84], flammenspektralphotometrische Detektoren (Abb. 3) für z.B. Halogenverbindungen [85-88], Schwefel und Stickstoff [88], Phosphor und Schwefel [89], Kohlenstoff, Stickstoff und Schwefel [90], Phosphan [57a], permanente Gase [91] und Quecksilberverbindungen [92] und Flammenlumineszenzdetektion für CS_2 [93] beschrieben. Die Bestimmung kann auch durch Atomabsorption erfolgen [94]. Zur Erfas-

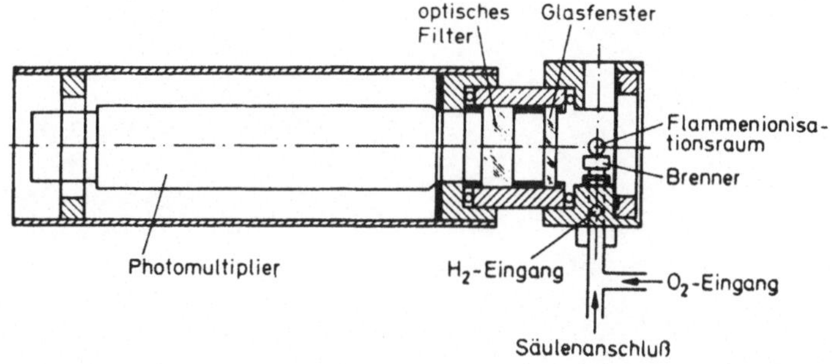

Abb. 3. Schematische Darstellung eines flammenphotometrischen Detektors aus[44a]

sung permanenter Gase eignen sich auch Gasdichtewaagen [95], Photoionisa-
tions- [96] oder Ultraschalldetektoren [97], für Sauerstoff die Hersch-Zelle [98].
Gase wie CO_2, NH_3, H_2S, SO_2 und Halogenwasserstoffsäuren lassen sich nach
Absorption in wäßrigen Lösungssystemen durch Änderung der elektrischen
Leitfähigkeit [99-106] oder coulometrische Titration mit den verschiedensten
elektrischen Indikatorsystemen [57,107] in der Regel auch im ng-Bereich noch
sehr genau bestimmen.

Weitere Möglichkeiten ergeben sich durch Massenspektroskopie [108-110],
Neutronenaktivierungsanalyse [111] oder mit Drossel- oder Diaphragmadetek-
toren [21,113] u.a. Verfahren.

3. Probenaufgabe und Eichung

Die Technik der Aufgabe der Probe auf die Säule hängt von ihrem Aggregatzustand ab. Für flüssige Proben verwendet man die generell in der Gaschromatographie gebräuchlichen Methoden. Bei Gasen — wenn es sich um Einzelproben handelt — in erster Linie „Gasmäuse" mit Silicongummisepten zur Entnahme der Probe mit gasdichten Injektionsspritzen; zur Entnahme aus Gasströmen: Gasdosierhähne und -schleifen verschiedenster Konstruktionen [5-7].

Zum *Sammeln und Anreichern* von ausfrierbaren Gasspurenkomponenten in einem Permanentgas (Luft, Kamingase u.a.) unmittelbar am Ort der Probennahme (Feldmethode) sind spezielle Techniken entwickelt worden. Z.B. läßt man eine bestimmte Gasprobenmenge (Messung mit einer Gasuhr) ein mit flüssigem Stickstoff kühlbares Röhrchen passieren, das mit bis zu 700 °C beständigem Siliconöl auf einem Trägermaterial gefüllt ist. Erfolgt die Stickstoffkühlung des Sammelröhrchens nach dem Gegenstromprinzip — der flüssige Stickstoff durchströmt einen das Röhrchen umgebenden Mantel entgegengesetzt zur eingesaugten Gasprobe — so werden die einzelnen Komponenten entsprechend dem sich im Sammelröhrchen einstellenden Temperaturgradienten in ihm quantitativ und ortskonstant zurückgehalten, ohne daß größere Mengen von Feuchtigkeit oder anderen leicht kondensierbaren Nebenbestandteilen das Röhrchen verstopfen können. Zum Transport wird das Röhrchen verschlossen. Nach Adaptieren des Röhrchens an einen Gaschromatographen (unter Kühlung) und Anlegen eines Trägergasstromes kann die Probe durch schnelles Aufheizen in die Säule überführt werden [114].

Vielseitiger und aufwendiger ist die Bereitung von *Eichgasgemischen* mit definierten Gehalten der Komponenten. Für größere Gasgehalte werden neben den aus der klassischen Gasanalyse bekannten Teil- und Mischverfahren (Gasbüretten usw.) [115], einfache Geräte (z.B. Gasmäuse in Kombination mit gasdichten Dosierspritzen) und programmgesteuerte Dosiervorrichtungen benutzt. So kann man mit letzteren z.B. verhältnismäßig genau kleine Gasmengen mit motorgetriebenen Dosierschleifen[a] oder mit Gasdosierhähnen nach dem Kolbenprinzip[b] oder mit programmgesteuerten Drehküken[a] (Abb.4) einem konstanten Trägergasstrom zumischen. Durch Verändern der Trägergasmenge sowie der

---

[a] Hersteller: z.B. H. Wösthoff OHG, Bochum.
[b] Hersteller: z.B. Ströhlein & Co., Düsseldorf.

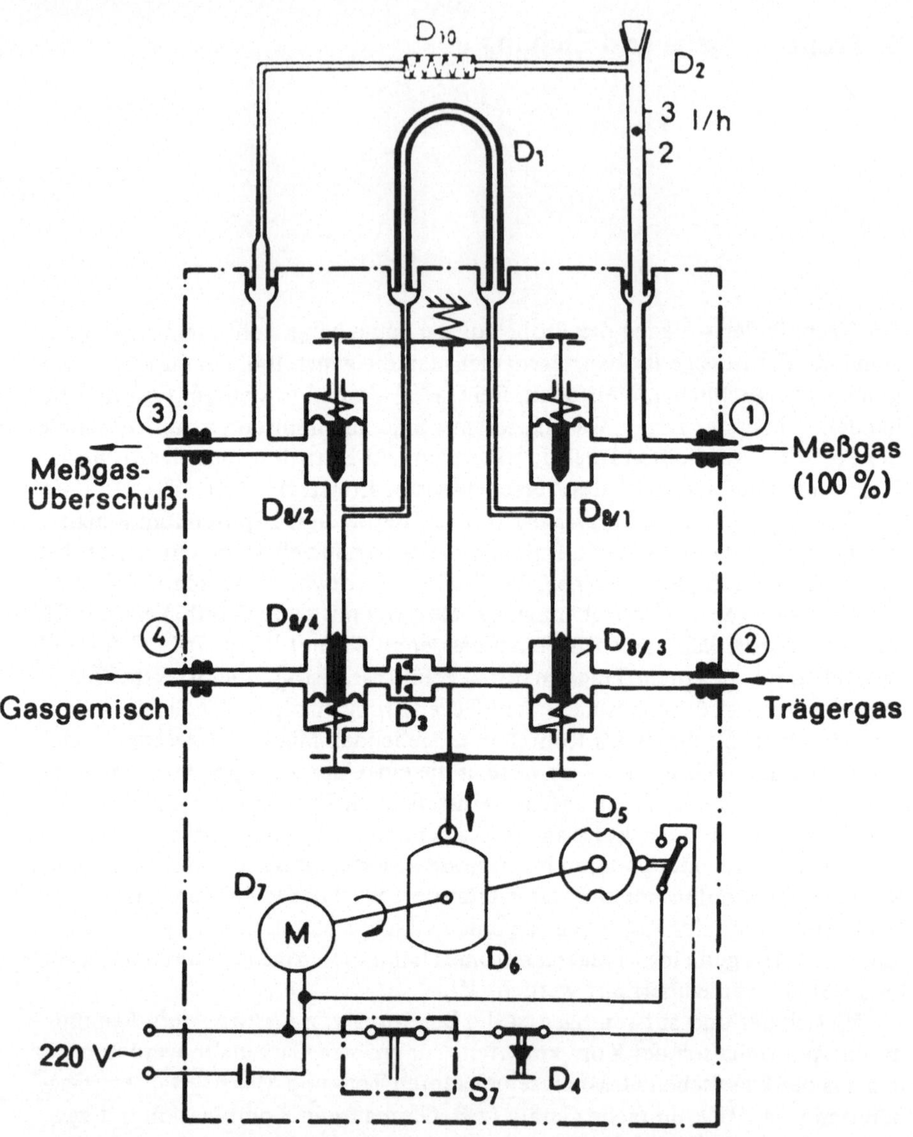

D₁ Dosierschleife −0,3ml-
                   1,0ml
                   2,0ml-

D₂ Durchflußmesser

Abb. 4. Prinzip einer programmgesteuerten Dosiervorrichtung

Anzahl der jeweils mit den Vorrichtungen abgemessenen Füllvolumina (z.B. durch vorwählbare Schaltimpulse/min), Variation der Füllvolumina (Gasschleifen mit verschiedenen Volumina oder verschieden starken Kükenbohrungen) und Hintereinanderschalten von Dosiereinheiten mit jeweils verschiedenen Volumina können die Konzentrationen in weiten Grenzen verändert werden.

Definierte Mehrkomponentengemische erhält man durch Hintereinanderschaltung mehrerer Dosiervorrichtungen für jeweils eine Komponente. Die Gase werden zweckmäßig in einem größeren Gefäß gemischt, bevor man einen aliquoten Teil der Mischung zur Eichung entnimmt.

Die Genauigkeit dieser *Dosierungsmethoden* hängt in erster Linie von der Konstanz der Druckverhältnisse im Trägergasstrom und in den Dosiervorrichtungen ab.

Binäre Gasmischungen lassen sich auch in einem weiten Konzentrationsbereich sehr genau herstellen, wenn man die unmittelbar über Druckventile Gasflaschen entnommenen Komponenten vor ihrer Mischung Kapillarrohre mit großem Strömungswiderstand passieren läßt. Bei Kenntnis der Drucke vor und hinter diesen Rohren läßt sich das Mischungsverhältnis berechnen [116]. Für spezielle Fälle (z.B. O_2, H_2) sind auch sehr genau arbeitende Coulometerzellen beschrieben worden [117].

Besondere Aufmerksamkeit ist der Eichung von Detektoren für den Spurenbereich zu schenken, die für jedes Gas getrennt zu erfolgen hat.

Gut bewährt hat sich ein Exponential-Verdünnungsgefäß [71,118,119] (Abb. 5). Die zu dosierende Komponente wird mit einer gasdichten Injektionsspritze oder einer anderen Dosiervorrichtung in das Gefäß überführt und mit einem konstant laufenden Rührer das Gemisch homogenisiert. Bei bekannten Volumen des Gefäßes und bekanntem Gasmengenstrom des Trägergases läßt sich die Konzentration der Komponente als Funktion der Zeit berechnen.

Reaktionsfähige Gase (z.B. HF, HCl, H_2S, SO_2, NH_3, NO_2) lassen sich mit folgender Diffusionsmethode [120] auch noch in sehr niedrigen Konzentrationsbereichen genau dosieren. Man bringt in den Gasstrom ein allseitig dicht verschlossenes Teflonröhrchen, in dem sich eine abgewogene Menge der verflüssigten Komponente befindet. Bei konstant gehaltener Temperatur ($\pm$ 0,1 °C) diffundiert das Gas in konstanter Rate durch das Teflon in den Trägergasstrom. Die pro Zeiteinheit herausdiffundierte Gasmenge wird durch Zurückwägen des Teflongefäßes bestimmt. Für Diffusionsraten in der Größenordnung von 1 μg/min ist der Fehler $<$ 1 %. Verdünnungsreihen von Gasen über mehrere Größenordnungen erhält man auch sehr einfach nur mit Hilfe einer gasdichten Injektionsspritze [121].

Unter Umständen lassen sich sehr kleine definierte Gasmengen (z.B. CO_2, CO, SO_2, N_2, H_2O, H_2S, NH_3 u.a.) durch Verbrennen, Pyrolyse oder Hydrierung aus organischen Substanzen, die durch direktes Einwägen mit einer μg-

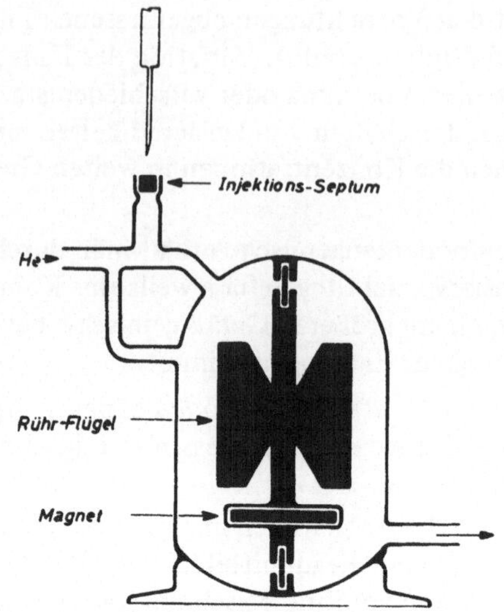

Abb. 5. Exponential-Verdünnungsgefäß nach [71]

Waage oder durch Lösungsteilung [122] abgemessen werden, erzeugen und direkt oder über aufheizbare Kühlfallen dem Trägergasstrom zudosieren.

Aggressive Gase (z.B. HCl, HBr, NH_3, H_2S) können auch in Form wäßriger Lösungen definierter Konzentration mit Hilfe von Injektionsspritzen unmittelbar auf die Säule aufgegeben werden, wenn die Abtrennung vom Wasser keine Schwierigkeiten bereitet [123].

4. Anwendung

4.1. Gase
ausgenommen Wasserstoffverbindungen, vgl. Abschnitt 4.2.

4.1.1. Wasserstoff

Die Abtrennung des Wasserstoffs mit anderen Permanentgasen gelingt am besten mit dem Molekularsieb 5 Å [5]. Wenn in neueren Arbeiten zusätzlich Säulen mit ®Porapak benutzt werden, so deshalb, um Begleitgase voneinander zu trennen.

Die Bestimmung des Wasserstoffs mit dem WLD verursacht durch seine hohe Wärmeleitfähigkeit einige Schwierigkeiten. Bei Verwendung von Helium als Trägergas erhält man durch ein Wärmeleitfähigkeits-Minimum bei 91,5 % He M-förmige Piks, die sich nicht auswerten lassen. Man umgeht dieses Schwierigkeit durch Vergrößern oder Verkleinern der Probenmenge [124] (Abb. 6), durch Verwen-

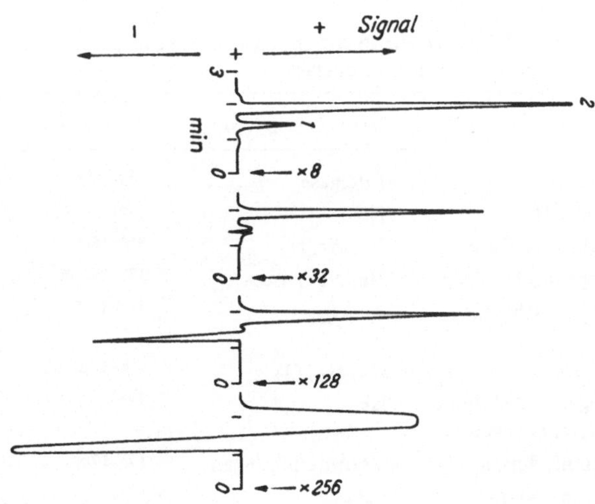

Vergrößerung des Probenvolumens. Von links nach rechts: 0,25, 1,0, 5,0 und 25,0 ml; Temperatur 100 °C; Säule: 4 m Silicagel 30/60 mesh; 1 Wasserstoff; 2 Luft

Abb. 6. Wasserstoffbestimmung mit Helium als Trägergas nach [124]

dung eines Helium-Wasserstoff-Gasgemisches [125-127], eines Helium-Luftgemisches [128] oder von Stickstoff oder Argon als Trägergas [129-131], wobei Argon wegen besserer Linearität der WLD-Anzeige vorzuziehen ist [130]. Neben dem WLD verwendet man auch empfindlichere wasserstoff-spezifische Leitfähigkeitsmeßzellen nach folgendem Prinzip: Der Wasserstoff wird mit $PdCl_2$ zu HCl umgesetzt, das in Wasser adsobiert, zu starker Erhöhung der Leitfähigkeit der Lösung führt [100].

Seine Bestimmung in Gegenwart anderer Gase bereitet im allgemeinen keine Schwierigkeiten [131-134]. Zahlreiche Autoren [135-137] beschreiben die Trennung von o- und p-Form bei H_2, D_2 und T_2 sowie ihren Mischformen. Sowohl gepackte Säulen mit Al_2O_3, z.T. mit Fe_2O_3-Überzug, bei 77 °K [135,138-141] als auch Molekularsiebe 4 Å oder 5 Å [25,142,143] werden vorgeschlagen. Bei extremen Mischungsverhältnissen verwendet man besser mit Al_2O_3 [144,145] oder SiO_2 [100] belegte Kapillarsäulen.

Anwendung der Gaschromatographie für physikalisch-chemische Messungen an Gleichgewichten mit Wasserstoffisotopen sind ebenfalls bekannt [146-147a]. Deuterium-markierte, wäßrige Lösungen werden mit Hydriden umgesetzt und das HD gaschromatographisch bestimmt [148-149b].

4.1.2. Edelgase

Die Trennung der einzelnen Edelgase durch Adsorptionschromatographie an Aktivkohle [150] gelang ursprünglich schlecht. Die Verwendung von Molekular-

Tabelle 1. Hinweise zur Bestimmung von Edelgasspuren und von Verunreinigungen in Edelgasen

Matrix	Bestimmung von	Literatur
Luft	Edelgase	154,155)
Atemluft	Ne	156)
Natürliche Gase	He, Ar, N_2	156-162)
Gasgemische	He, Ne, Ar u.a.	131,163-165)
NH_3-Synthesegas	Ar, N_2	166,167)
Helium	H_2, N_2, O_2	168-173)
Erdgas und Helium-Anreicherungen	He	174)
Helium, Argon	Verunreinigungen	175,176)
Helium, Neon	CH_4	177)
Argon	Xe	178)
Argon	N_2	179,181)
Edelgase	H_2, N_2, O_2, CO, CH_4	182)

sieben behob die Schwierigkeiten. Weit mehr interessiert aber die Bestimmung von Edelgasspuren in anderen Gasen sowie die Bestimmung ihrer Verunreinigungen (vgl. Tabelle 1). Auch Verfahren zur Bestimmung von Helium-3 [151] und Neon-Isotopen [152,153] werden beschrieben.

4.1.3. Stickstoff und Sauerstoff

Ihre Trennung voneinander und von anderen Gasen wird in zahlreichen Arbeiten (vgl. Tabelle 2) beschrieben und bereitet heute im allgemeinen selbst bei stark unterschiedlichen Konzentrationsverhältnissen keine Schwierigkeiten. Man verwendet vorwiegend Molekularsiebe aber auch andere Säulen, z.B. zur Stickstoff-Sauerstoff-Trennung Chromosorb P mit Siliconöl [183]. Zum Nachweis von Gehalten > 1 ppm dient meist der WLD, für kleinere Gehalte der He-Detektor.

Bei problematischen Trennungen führten oft neue Wege zum Ziel, wie am Beispiel der Sauerstoff-Argon-Trennung gezeigt werden soll: Mit herkömmlichen Säulen kommt es zur Piküberlagerung. Zunächst führte Reaktionsgaschromatographie weiter: Entweder wird der Sauerstoff mit Kohlenstoff zu

Tabelle 2. Hinweise zur Bestimmung von N_2 und O_2

Matrix	Bestimmung von	Literatur
Luft	N_2, O_2 u.a.	184–200)
Atemluft	N_2, O_2	201)
Edelgase	N_2, O_2 u.a.	siehe Tabelle 1
Brenngase	N_2, O_2 u.a.	siehe Tabelle 3
Vulkanische Gase	N_2, O_2	202)
Faulgase	O_2	203,204)
Pyrolyse-Gase Org. Verbindungen	N_2	205–213)
Gasgemische	N_2, O_2	214)
Kohlenwasserstoffe	N_2, O_2	215)
Füllgase von Aerosol-Druckbehältern	N_2, O_2	217,218)
Lösungsmittel	N_2, O_2	219,219a)
Wässrige Lösungen	N_2	220–220c)
	O_2	221–226)
Fermentations-lösungen		227)
Blut	N_2	228,229)
	O_2	201,230–235)
Radioaktiver Wasserstoff	O_2, N_2, CO	236)

CO umgesetzt, dies zu CH_4 hydriert, das sich dann mit einem FID sehr empfindlich bestimmen läßt [47]; oder: man hydriert den Sauerstoff zu H_2O [237,238], kann dann den Argon-Pik allein vermessen und dessen Flächeninhalt von dem des Piks von Argon und Sauerstoff abziehen [239]. Später wurde das Problem der direkten Trennung gelöst, zunächst mit Hilfe mehrerer Säulen [240], dann auf Molekularsieb 5 Å bei tiefen Temperaturen [241-243], schließlich auch bei Raumtemperatur, wenn das Molekularsieb vorher unter Inertgas auf 400 °C [244] oder 450–500 °C [245] erhitzt wird. Offensichtlich wird bei diesem Verfahren an der Säule adsorbiertes Wasser entfernt, das sonst die Retentionszeit verkürzt und dadurch die Trennung verschlechtert [246]. Auch Mischungen von den Molekularsieben 4 und 5 Å haben sich bewährt [247].

Der Bestimmung von Verunreinigungen in O_2 [176,248] und N_2 [248a] kommt besondere Bedeutung zu, dabei besonders der Verbesserung des Nachweisvermögens von Verunreinigungen in Reinstgasen z.B. durch Reversionsverfahren. Einige Arbeiten befassen sich mit der Bestimmung von Stickstoff- [249] und Sauerstoff-Isotopen [250,251].

4.1.4. Sonstige Gase

Zur Trennung mehrerer Gase einschließlich niederer Kohlenwasserstoffe voneinander werden oft zwei Säulen bei verschiedener Temperatur [8,11,253] oder sogar drei Säulen [12,254] hintereinander geschaltet. So lassen sich z.B. stark polare Gase (wie CO_2, SO_2 u.a.) und Permanentgase trennen, wenn man das Gemisch zunächst eine Säule passieren läßt, die nur die polaren Komponenten trennt, und anschließend eine andere Säule zur Trennung der permanenten (Abb. 7). Da die bereits aufgetrennten polaren Gase auf der 2. Säule teilweise irreversibel adsorbiert würden, bestimmt man sie vorher mit einem zwischen beide

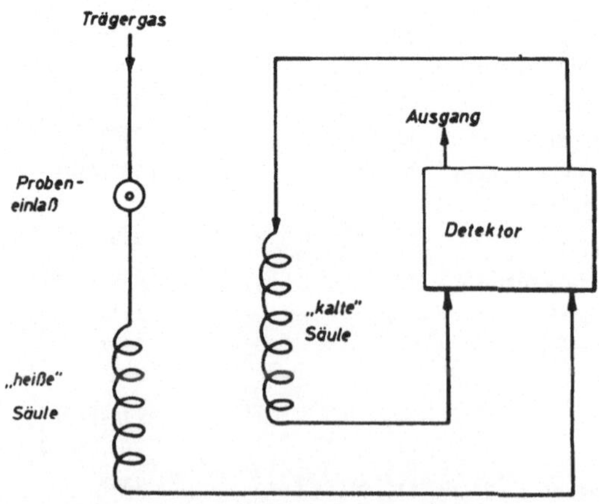

Abb. 7. Zweisäulentechnik nach [253]

Säulen geschalteten Detektor. Die permanenten Gase werden erst nach dem Durchgang der zweiten Säule mit dem gleichen Detektor registriert [253].

In Tabelle 3 sind Anwendungsbeispiele für die Bestimmung polarer Gase allein und im Gemisch mit permanenten Gasen zusammengestellt. Eine ausführliche Besprechung der zitierten Arbeiten erübrigt sich, da in ihnen methodisch meist nichts Neues beschrieben ist.

Tabelle 3. Beispiele zur Trennung und Bestimmung von CO, CO_2, SO_2, H_2S, Stickstoffoxiden u.a. einzeln oder im Gemisch mit Permanentgasen

Matrix	Bestimmung von	Literatur
Luft	CO, CO_2	46,255,257,258)
	N_2O, NO, NO_2	259–264)
	CO, NO_2	265)
	CO, NO, N_2O, H_2S, SO_2 u.ä.	115,216,266–268)
	H_2, CO, CO_2, Ar	154,155)
	N_2, O_2, CO_2, SO_2	184–192,194–198)
	CO, CS_2, SO_2	269)
	PH_3	270)
Atemluft	N_2, O_2, CO_2, N_2O,	201)
	CO_2, C_2H_2, Ne	156)
Luftimission	H_2, CO, CO_2, SO_2	75,271,272)
Brenngase	H_2, N_2, O_2, CO, CO_2	273–292)
	CO, CO_2, Cl_2, HCl	271)
Stickstoff	O_2, CO, CO_2, CH_4, C_2H_4, C_2H_6	248a)
Stickstoffoxide	H_2, O_2, CO, CO_2	293–295)
Inertgas	SO_2	216,296)
Kohlendioxid	H_2, O_2, N_2, CH_4, CO	297)
Carbonationsgas	CO_2	298)
Zersetzungsprodukte von Sulfiden, Sulfiten, Carbonaten mit Säure	H_2S, SO_2, CO_2	299)
Reaktionsprodukte aus Al u. Al_4C_3 u. HCl	H_2	299a)
Pyrolysegase anorgan. u. organ. Verbindungen	H_2, N_2, CO, CO_2	205–211,213,300)
Anorg. Gase im Gemisch mit Kohlenwasserstoffen	H_2, N_2, CO_2 Edelgase Permanentgase	301) 11)
Kohlenwasserstoffe	H_2, N_2, O_2, CO, CO_2	215,302–304)

Tabelle 3 (Fortsetzung)

Matrix	Bestimmung von	Literatur
Verschiedene Gasgemische	N_2O, NO, NO_2	264,305–308)
	He, CO_2	163)
	CO_2, NO	309)
	H_2, N_2, O_2, CO, CO_2	202,214,289,311)
	Ne, Ar, N_2, CO, NO, NO_2	165,264)
	H_2S, CS_2, COS, SO_2 u.ä.	290,312–315)
	O_2, N_2, NO, CO_2, Ar	197,316,317)
	H_2, O_2, N_2, CO, CO_2, CH_4, C_2H_4 u.a.	12,13)
Wasser	CO_2	319)
	H_2, O_2, CO, CO_2, CH_4	320)
Blut	CO_2, O_2, N_2O	201,230–233,321)
Organische Lösungsmittel	CO_2, N_2O	322)

Tabelle 4. Beispiele zur Bestimmung von Gasen in Feststoffen[a]

Matrix	Bestimmung von	Literatur
Eisen und Stahl	H	323,324)
	O	325–327)
	O, N	180,328–338)
	H, O, N	324,339–342)
Aluminium	O	343)
	H	344)
Beryllium	H	345)
Bestrahltes BeO	He	346)
Hochschmelzende Metalle	H, O, N	336,347–350)
Sonstige Metalle	H, N	332,351–356)
Metalloberflächen	H	357)
Dünne Schichten	O, N, H, Ar	358)
Eisenerz und Kohle während der Sinterung	N_2, CO, CO_2, O_2	359)
Oxidische Materialien	O	359a)
Minerale	H_2, N_2, CO, CO_2	360–363)
Gaseinschlüsse im Glas	H_2, N_2, CO, CO_2	364–366)

[a] Über den chemischen Zustand der Elemente in den Feststoffen wird keine Aussage gemacht.

Tabelle 5. Beispiele zur Bestimmung von Kohlenstoff, Schwefel und Phosphor

Matrix	Bestimmung von	Literatur
Eisen und Stahl	C	367–371)
Chrom	C	372)
Natrium	C	373,374)
Metalle	C	375,376)
Bor	C	377)
Phosphor	C	378)
Eisen und Stahl	S	370,379)
Metalle	S	380)
Anorganische und organische Substanzen	P	381)

In Metallen, Legierungen, Erzen und Mineralien können gelöste Gase nach Extraktion durch Schmelzen im Vakuum oder in einem Trägergasstrom (Helium bzw. Argon) wie Wasserstoff und Stickstoff unmittelbar, oxidischer Sauerstoff nach Reaktion mit Kohlenstoff zu CO bzw. CO_2 gaschromatographisch bestimmt werden [322a-c] (s. Tabelle 4).

Aber auch andere nichtmetallische Bestandteile wie z.B. Kohlenstoff, Schwefel oder Phosphor lassen sich nach Oxidation (CO_2, SO_2) oder nach hydrierendem Aufschluß (CH_4, H_2S, PH_3) noch im ppm-Bereich erfassen (vgl. Tabelle 5). Spezielle Probleme treten weniger bei der gaschromatographischen Trennung und Bestimmung als bei der Probenvorbereitung und Freisetzung der Gase auf [322a,349], auf die hier nicht näher eingegangen werden soll.

4.2. Wasserstoffverbindungen

Sie lassen sich einteilen in stark polare, thermisch stabile (wie H_2O, Halogenwasserstoffe und NH_3), weniger polare, instabile (Hydride wie z.B. Borane, Silane) und solche, die zwischen diesen Extremen liegen. Da die Wasserstoffverbindungen der verschiedenen Gruppen miteinander reagieren, können jeweils nur die Vertreter einer Gruppe gaschromatographisch bestimmt werden.

4.2.1. Wasser und Wasserstoffperoxid

Bei der direkten gaschromatographischen Wasserbestimmung haben sich die ®Porapak-Typen, ®Chromosorb 102 und Kohlenstoff-Molekularsiebe allgemein durchgesetzt. Darüber sind einige Übersichtsarbeiten erschienen [383-386]. Andere Trennmaterialien werden nur noch eingesetzt, wenn außer Wasser noch andere Bestandteile erfaßt werden müssen und diese auf den o.gen. Säulenfüllungen nicht eluiert werden; z.B. werden HCl, H_2S und H_2O an ®Carbowax 20 M auf ®Fluoropak getrennt [387]. Einzelheiten über die besonderen Schwierigkeiten bei der Wasserbestimmung durch die Allgegenwart von Wasser und die Hygroskopizität der meisten Gase, Flüssigkeiten und Oberflächen von Festkörpern und über Möglichkeiten zur Überwindung dieser Probleme werden diskutiert [384]. Demnach kommt als Säulenmaterial nur Quarz in Frage, die Säule soll direkt an den Detektor angeschlossen sein. Bei Kohlenstoff-Molekularsieb erscheint das Wasser unmittelbar hinter den Inertgasen innerhalb von Sekunden. Bei flüssigen Proben ergibt sich eine Nachweisgrenze von 200 ppb, bei Gasen von 20 ppm. Für die Bestimmung noch geringerer Wasserspuren in Gasen wird das Gas durch eine CaC_2-Patrone geschickt, das sich entwickelnde Acetylen auf einer gekühlten Säule gesammelt und reversions-gaschromatographisch bestimmt (Abb. 8). Die Nachweisgrenze liegt dann bei 0,01 ppb.

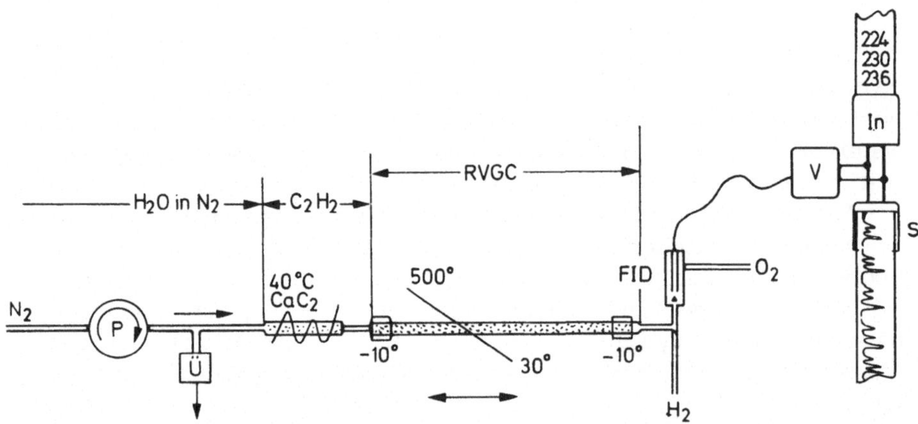

Abb. 8. Prinzip der Wasserspurenbestimmung durch Reversions-Chromatographie. Hochreiner Stickstoff durchströmt die Probe oder das auf H_2O zu untersuchende Gas wird bei P (Teflon-Kohlekolbenpumpe oder schmierfreie Turbopumpe) auf 1−2 atü Druck gebracht. Überdruck wird bei $Ü$, einem Druckrelais, abgelassen. Das Gas strömt kontinuierlich ohne Verwendung von Probengebern über 0,2−0,3 mm körniges CaC_2, das bei 40 °C gehalten wird. Der Gasstrom, jetzt C_2H_2-haltig, strömt in den Reversions-Chromatographen (MP 1.3/105, Siemens AG, D−75 Karlsruhe). Durch Kältefelder (−10 °C) und mit dem reversierenden Temperaturprofil gelingt die nötige Anreicherung aus der Speichersäule. Füllung: Kohlenstoffmolekularsieb oder Aluminiumoxid. Detektor: *FID*. V = absoluter Stromverstärker; In = Integrator; S = Schreiber nach [384]

Außerdem werden Wasserbestimmungen in folgenden Materialien beschrieben:

in hochkonzentriertem NH_3 [388],	in N_2O_4 [391],
in Ölen [389],	technischen Produkten [392],
Kohlenwasserstoffen [389a],	Flüssigkeiten [393-396],
in festen Proben [390],	Gasen [397].

Ein automatisch arbeitender, gaschromatographischer Feuchtigkeitsanalysator wird beschrieben [398].

Nach katalytischer Zersetzung wird H_2O_2 als Sauerstoff bestimmt[399].

4.2.2. Halogenwasserstoffverbindungen

Die Bestimmung von HCl und HBr in Gegenwart von Wasser bereitet Schwierigkeiten [123], in Abwesenheit von Wasser scheint die Trennung des HCl von HBr möglich. Die Trennung des HCl von hydrolysierbaren Halogeniden, wodurch die Gegenwart von Wasser ausgeschlossen ist, wird von mehreren Autoren beschrieben [400-402]. Trennungsflüssigkeiten sind durchweg perhalogenierte Polyäthylene. Als neues Trägermaterial wird auch graphitierte, bei 1000 °C im Wasserstoffstrom erhitzte Kohle benutzt [403]. Mit Polyfluoräther und Benzophenon als Trennflüssigkeit gelingt die Trennung Luft-HCl-HF, wobei HCl ohne Tailing eluiert wird. Das Tailing des HF-Piks kann — anscheinend durch dessen Dimerisierung bedingt — nicht beseitigt werden. Halogenwasserstoffe lassen sich auch nach Umsatz mit Äthylenoxid als 2-Halogenäthanole bestimmen [404], dabei stört Wasser nicht.

4.2.3. Schwefelwasserstoff

Für die Trennung des H_2S von anderen Gasen und Schwefelverbindungen wie CS_2 werden folgende Trennmittel empfohlen: Porapak [123,299], Silica-Gel [314], Squalan [312], Polyäthylenglykol [313] und Oxydipropionitril [405]. In der letztgenannten Arbeit ist ein Anreicherungsverfahren beschrieben: Luft wird durch mit Pb(II) imprägniertes Silica-Gel geleitet, das gebildete PbS mit HCl zu H_2S umgesetzt, dieses in einer Kühlfalle gesammelt und dann gaschromatographisch bestimmt. Das Verfahren eignet sich z.B. für die Bestimmung sehr niedriger H_2S-Konzentrationen in Industrieluft.

4.2.4. Ammoniak, Amine und Hydrazine

Auf folgenden Säulenfüllungen wird NH_3 bestimmt: im Synthesegas auf graphitiertem Ruß [55] oder auf perhydriertem, synthetischem Öl [406], wobei gleichzeitig die Methylamine erfaßt werden. N_2H_4, Monomethylhydrazin und H_2O können auf Dowfax 9 N getrennt werden [407]. In speziellen Arbeitsweisen wird NH_3 an Molekularsieb 13 X adsorbiert und bei 350 °C desorbiert [408,409].

NH_3 kann auch mit NaClO zu Stickstoff umgesetzt und dieser auf einem Molekularsieb getrennt werden [410].

4.2.5. Hydride

Für die gaschromatographische Trennung der Hydride der 4.–6. Gruppe des Periodensystems werden Silicone als Trennflüssigkeiten benutzt. Aus dem Trägergas konnte der Sauerstoff bis auf 10^{-3} und Wasser bis auf 10^{-5} % entfernt werden [411]. Zur Trennung von AsH_3, PH_3, GeH_4, SiH_4, H_2S und Wasserstoff verwendet man ebenfalls Siliconöl [412]. Die getrennten Verbindungen werden wegen der Verunreinigungsgefahr nicht direkt auf den WLD geschickt, sondern bei 1000 °C pyrolisiert, und der entstehende Wasserstoff mit dem WLD bestimmt. Eine Untersuchung über die Empfindlichkeit verschiedener Detektoren für PH_3 ergab, daß die Absolutempfindlichkeit mit 5 pg für den Flammenphotometerdetektor am höchsten ist [57a]. PH_3 kann in Luft [270] und in Acetylen [414] bestimmt werden. Die Bestimmung von Phosphor in anorganischen und organischen Substanzen gelingt durch hydrierenden Aufschluß bei 500–1000 °C und Gaschromatographie des gebildeten PH_3 auf Porapak [381]. Eine Arbeit behandelt die Gaschromatographie von Verunreinigungen in SiH_4, GeH_4 und AsH_3 [415]. Arsen läßt sich nach Umwandlung in AsH_3 bestimmen [416]. Die Pyrolyse von SiH_4 [417] oder von Si–H-Bindungen [418] wird durch Gaschromatographie der Zersetzungsprodukte untersucht. Spezielle Methoden der Tieftemperatur-Gaschromatographie werden zur Trennung der isotopen Methane angewandt [418a, 418b].

4.3 Halogene und Halogenverbindungen

Da die Halogenide oft sehr feuchtigkeitsempfindlich sind, muß das Trägergas besonders getrocknet und die Apparatur gegen das Eindringen von Feuchtigkeit gesichert werden. Neuere Anordnungen werden beschrieben [22,79,419-422]. Im allgemeinen muß die Säule durch mehrmaliges Chromatographieren des Gasgemisches konditioniert werden, um Restaktivitäten, die zur Adsorption führen, abzusättigen.

Wasserspuren lassen sich auch durch vorherige Umsetzung mit besonders reaktionsfähigen Halogeniden, z.B. $TiCl_4$ [423] oder NF_3 [424] von der Säule entfernen. Eine Methode zur Probeneinführung fester Metallchloride wird beschrieben [425].

Auch kann man die Dissoziation oder Hydrolyse von Metallchloriden verringern, wenn man dem Trägergas Anteile von Al_2Cl_6-Dampf beimengt [426].

Einige Autoren beschreiben die Gaschromatographie ganzer Gruppen von Halogeniden – z.B. den Chloriden S_2Cl_2, SCl_2, $SOCl_2$, $TiCl_4$, $GeCl_4$, $SiCl_4$, PCl_3, $POCl_3$, CrO_2Cl_2, $SbCl_3$, $AsCl_3$, $GaCl_3$ – auf Kel–F–10 [427]. Über ähnliche Verbindungen wird auch anderweitig berichtet [428,429].

Die Möglichkeiten einer fraktionierten Verdampfungsgaschromatographie von NF_3, CF_4, PF_3, BF_3, SiF_4, C_2F_6, PF_5, SF_6, SeF_6, SeF_4, TeF_6, POF_3, S_2F_{10}, bei Temperaturen von $-75\,°C$ bis $-196\,°C$ erwiesen sich als begrenzt [430].

4.3.1. Halogene und Interhalogenverbindungen

Die Trennung von HCl/Chlor gelingt auf Tritolylphosphat [400], die Trennung Luft/Chlor mit H_3PO_4 auf graphierter Kohle [403], für ein Gemisch von Fluor, Chlor, ClF, ClF_3, HCl, Cl_2O, ClO_2, OF_2, ClO_4F, ClO_3F und UF_6 wird Kel-F-Öl auf Kel-F-Pulver bei 60 °C und Stickstoff als Trägergas vorgeschlagen [402], ein Gemisch von Chlor, ClF, ClF_3, ClO_2, Fluor und ClO_4F läßt sich mit Halocarbon Oil 13–21 auf Kel-F-300 trennen [431]. Chlormengen im ppb-Bereich können mit dem ECD nachgewiesen werden [432]. Eine Bestimmung von Jod erfolgt nach Umsetzung mit Aceton zu Jodaceton auf einer SE-30-Säule [433]. Durch Oxidation von HJ zu Jod können oxydierende Agentien indirekt über die gaschromatographische Erfassung des Jods bestimmt werden [434]. XF_2 kann mit 15% Kel-F-10 auf Fluoropak bei 20 °C von Fluor und HF getrennt werden [435]. Auch hier ist strenger Ausschluß von Feuchtigkeit erforderlich.

4.3.2. Halogenverbindungen mit Elementen der 2. und 3. Haupt- und Nebengruppe

Eine Reihe von Autoren benutzt die Gaschromatographie zur Reinheitskontrolle von BCl_3, Ausgangsmaterial zur Herstellung elementaren Bors. Als Trennflüssigkeiten verwenden sie Silicongummi [436], Siliconöl [437], Squalan oder Trikresylphosphat [438], VK Zh 94 oder Dinonylphosphat [439]. BF_3 läßt sich auf Kel-F-Öl von anderen Fluoriden trennen [440,441]. Es kann auch mit 15%

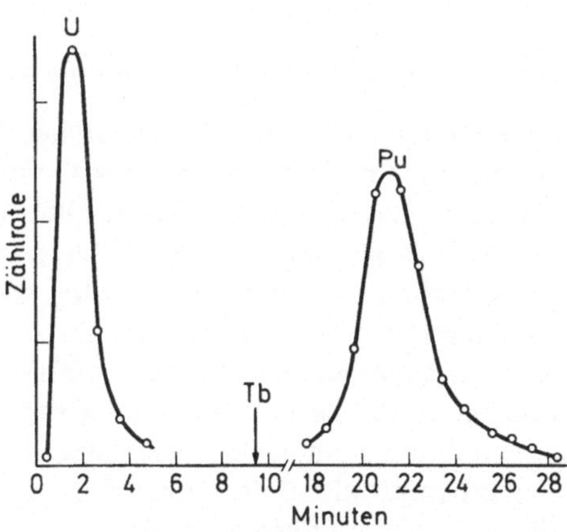

Abb. 9. Trennung Uran – Plutonium nach [443]

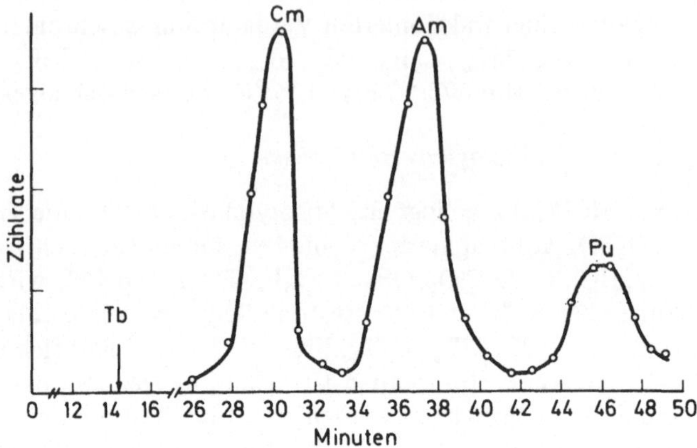

Abb. 10. Trennung Curium – Amercium – Plutonium nach [443]

Polyfluoräther und 5% Benzophenon auf graphitierter Kohle ohne Tailing eluiert werden [403]. Über die Gaschromatographie von $AlCl_3$ und $GaCl_3$ liegt eine Arbeit [22] vor, bei der Graphit als Säulenmaterial bei 300 °C benutzt wird. Eine Trennung von $AlCl_3$, $HfCl_4$ und $ZrCl_4$ ist bei 320 °C möglich.

Radioaktiv markiertes Quecksilberchlorid wurde von $FeCl_3$ auf einer Säule mit 30% $BiCl_3$ getrennt [442]. Bei den seltenen Erden gelingt bei Zumischung von Al_2Cl_6-Dampf zum Trägergas eine Gaschromatographie einiger Chloride, die Trennungen sind aber schlecht und deshalb mit denen unter Anwendung von Chelatbildnern nicht zu vergleichen [426]. Bei den Aktiniden konnten mit der gleichen Technik bessere Erfolge erzielt werden [443]; hierbei konnten Cm, Am, Pu oder U, Pu sowie Np, Tb, Pa vollständig voneinander getrennt werden. (Abb. 9 u. 10).

4.3.3. Halogenverbindungen mit Elementen der 4. Haupt- und Nebengruppe

Die meisten Kohlenstoffhalogenide werden zur organischen Chemie gerechnet und daher hier nicht behandelt. CF_4 wird auf Porapak Q [444] oder imprägniertem Kieselgel [445] von anderen Gasen getrennt. Bei der Bestimmung von $COCl_2$ mit Didecylphthalat und dem ECD können noch 1 – 2 ppb erfaßt werden [446]. $COCl_2$ wird von CO_2 und Argon getrennt [446a, 447]. COF_2 läßt sich auf Porapak T und N von CO_2 trennen [447].

Das $SiCl_4$ interessiert vor allem wegen seines Vorkommens als Verunreinigung in Ausgangsmaterialien für die Silicon-Herstellung [448-450]. Bei der gaschromatographischen Bestimmung von $SiCl_4$ neben anderen anorganischen Halogeniden [40,425,437] wird empfohlen [423], vorher $TiCl_4$ zur Umsetzung von Feuchtigkeit einzuspritzen. Als Trennflüssigkeit wird vor allem Kel-F-Öl verwandt, daneben auch Apiezonfett N. Die ersten Glieder der homologen Reihe

Si_nCl_{2n+2} (n 1 bis 5) können auf Siliconöl 550 getrennt werden [451]. Siliciumhalogenide können zur Siliciumbestimmung eingesetzt werden. Eine direkte Umsetzung im Einlaßsystem des Gaschromatographen mit Fluor verlief allerdings nicht quantitativ [440]. Silicium läßt sich in Eisen und Stahl mit Chlor zu $SiCl_4$ umsetzen, an Kel-F-Wax abtrennen und bestimmen [422]. Bei Germanium- und Zinn-Halogeniden werden ähnliche Trennflüssigkeiten benutzt wie beim $SiCl_4$ [40,423,425,442,452]. Ein Autor [453] benutzt die Gaschromatographie zur Bestimmung von Germanium in Kohle. Dabei setzt er Germanium mit HCl bei 200 °C oder mit einem $HCl-H_2SO_4$-Gemisch zu $GeCl_4$ um und trennt auf Petroleum-Fett gaschromatographisch.

In Zirkon-Zinn-Legierungen kann Zinn mit einer Varianz von $\sim 5\%$ als $SnCl_4$ gaschromatographisch bestimmt werden [454]. Die Metallproben werden bei Rotglut chloriert, das $SnCl_4$ in einer Kühlfalle gesammelt und überschüssiges Chlor mit Ar vertrieben. Dann wird das Chlorid bei 300 °C verdampft und der Dampf mit dem Trägergas in die Säule gespült, die mit Polytrifluorchloräthylenöl auf gleichem Material höheren Molekulargewichtes gefüllt ist.

$TiCl_4$ läßt sich wegen seines niedrigen Siedepunktes leicht verflüchtigen, jedoch ist die Substanz äußerst feuchtigkeitsempfindlich, so daß sie zur Entfernung von Feuchtigkeitsresten der Säule dienen kann [423]. Eine präparative Trennung von $TiCl_4$ und $FeCl_3$ [455] und die Bestimmung von Verunreinigungen im $TiCl_4$ [455a] wurden beschrieben. Titan läßt sich quantitativ in Oxidmischungen nach Umsetzungen zu $TiCl_4$ auf Histonwachs bei 77 °C abtrennen und bestimmen [456]. $HfCl_4$ und $ZrCl_4$ werden bei Anwendung eines Temperaturprogramms 270°–320 °C auf Graphit getrennt [22].

4.3.4. Halogenverbindungen mit Elementen der 5.–8. Haupt- und Nebengruppe

Chlor, NOCl und HCl können an Silica-Gel getrennt werden. Zunächst wird HCl und Chlor bei 25 °C eluiert, nach Erhitzen auf 200 °C erscheint NOCl innerhalb 75 min [401]. Mit einer anderen Technik wird eine Mischung von Chlor, NOCl, NO_2Cl durch Anwendung wenig reaktiver Trennflüssigkeiten wie ®Halocarbonoil, ®Fluorlube, ®Kel-F u.ä. analysiert [457]. Ferner werden für diese Systeme Dinonylphthalat [458,459], Hexandecan und Squalan [460] empfohlen, die Schwierigkeiten dieser Analysen werden diskutiert [461]. Über die Gaschromatographie von Stickstofffluoriden wird in mehreren Arbeiten [430,462,463] berichtet. Stickstofftrifluorid kann von Kohlenstofftetrafluorid an Porapak Q bei 25 °C getrennt werden [444]. Für die gaschromatographische Bestimmung von Phosphorhalogeniden sind eine Reihe von Trennflüssigkeiten beschrieben worden: Vaseline-Öl und Silicon-Öle [421,437,448], Kel-F auf Teflon [40], Cl-markiertes Kieselgel für Versuche zum Austausch von Chlorid zwischen fester und gasförmiger Phase, Paraffinöl [464]. Die gleichen Phasen eignen sich im allgemeinen auch für die nahe verwandten Halogenide wie $AsCl_3$, $SiCl_4$ und BCl_3. In einer umfangreichen Untersuchung wird die Trennung folgender Halogenide auf den Phasen Siliconöl DC.550, Kel-F-10-Öl, Apiezon L, Silicongummi UC-W98 und Kel-F-Wachs untersucht: $SiCl_4$, $AsCl_3$, $GeCl_4$, PCl_3, $POCl_3$, $SnCl_4$ [465].

Für die Untersuchung der polymeren Phosphornitrilchloride und -bromide wurde Poly(-methyl-)siloxan auf ®Sterchamol bei 205 °C verwandt [466].

Über die Gaschromatographie von $AsCl_3$ wird mehrfach berichtet [40,421, 442,452,464,467,468], aber nur zwei Arbeiten [421,464] haben analytische Zielsetzungen. Da die üblichen Detektoren $AsCl_3$ nur mit geringer Empfindlichkeit anzeigen, konnte diese Methode bisher noch nicht für die Spurenanalyse benutzt werden, obwohl mit PCl_5 eine quantitative Umsetzung zahlreicher Verbindungen zu $AsCl_3$ möglich ist [464]. Die Analyse von AsF_5 wird beschrieben [424].

Zur gaschromatographischen Antimonbestimmung wurde $SbCl_5$ [421] angewandt, andere konnten aber $SbCl_5$ nicht reproduzierbar bestimmen [425]. SbF_5 läßt sich von anderen Fluoriden durch Adsorptions-Gaschromatographie an mit fluorierten Polymeren modifiziertem Al_2O_3 [469] oder auf Polytrifluorchloräthylen [424] trennen.

$NbCl_5$ und $NbOCl_3$ wurden unter Anwendung eines Temperaturprogramms [470] oder isotherm bei 450 °C [22] voneinander getrennt. Eisenfreies $NbCl_5$ und $TaCl_5$ erhält man gaschromatographisch [471]. Die Trennung beider Chloride ist auf Graphit bei 275 °C möglich [22]. NbF_5 und TaF_5 wurden auf Polychlortrifluoräthylen-Öl getrennt [424], ebenso MoF_5 und WF_6. Diese Verbindungen entstehen auch bei Umsetzungen im Einlaßsystem eines Gaschromatographen mit Fluor [440]. Bei Mo, W und U erhielt man quantitative Werte nach anschließender Gaschromatographie auf ®Kel-F-Öl. Die Trennung von UF_6 von anderen Verbindungen gelingt auf modifiziertem Al_2O_3 [29,469]. OF_2 läßt sich von Sauerstoff, Stickstoff und Fluor an Silica-Gel trennen, jedoch nicht von CF_4 [472]; erst bei −78 °C gelingt dies [473]. Weiterhin wird Silica-Gel empfohlen, das mit perhalogenierten Polymeren modifiziert ist [445].

$SOCl_2$ und SO_2Cl_2 können mit Silicon 200 auf Chromosorb W getrennt werden [474], für $SFCl_5$ und SOF_4 eignet sich Di-isodecylphthalat auf ®Celite [475].

$FeCl_3$ läßt sich von $HgCl_2$ auf einer $BiCl_3$-Säule trennen [442]. Eine präparative Trennung $FeCl_3$ $TiCl_4$ wird beschrieben [455].

4.4. Carbonyle

Die Gaschromatographie der Metallcarbonyle $Fe(CO)_5$, $Cr(CO)_6$, $Mo(CO)_6$ und $W(CO)_6$ läßt sich auf Squalan oder ®Apiezon L ausführen [476]. Im Blut exponierter Personen oder in deren Atemluft gelingt die gaschromatographische Bestimmung von $Ni(CO)_4$ nach Anreicherung in einer Äthanol-Falle bei −78 °C auf ®Carbowax 20 M mit dem ECD [477].

4.5. Element- und Metalldämpfe

Die Trennung von Metalldämpfen setzt Hochtemperatur-Gaschromatographen voraus, die ein Arbeiten mit Trenntemperaturen um 1000 °C zulassen [21,23]. Als Thermostat dient ein Tiegelofen, dessen Temperatur mit einem Chromel/Alumel-Thermopaar auf ± 2 °C konstant gehalten werden kann. Die Säule besteht aus Edelstahl. Ein speziell entwickelter Drossel- oder Diaphragmadetektor erlaubt es, die Meßsignale außerhalb der heißen Zone zu erzeugen.

Bis jetzt gelang die Gasadsorptionstrennung von Zink und Cadmium an mehreren Adsorbentien [478]. Mit der gleichen Anordnung konnten auch hochsiedende Halogenide getrennt werden. Elementarer Schwefel konnte in Schwarzpulver gaschromatographisch bestimmt werden [479], ebenso gelang die Phosphorbestimmung in biologischen Proben bei Vergiftung mit gelbem Phosphor [480].

4.6. Organische Derivate
mit Ausnahme der Metallchelate, vgl. 4.7.

Die Gaschromatographie von silicium-, germanium-, zinn-, phosphor-, arsen- und bor-organischen Verbindungen unterscheidet sich in der Regel nur wenig von derjenigen organischer Substanzen. Der größte Teil der Arbeiten kann deshalb tabellarisch abgehandelt werden (vgl. Tabellen 6 – 11). Sie werden nur dann eingehender besprochen, wenn besondere Techniken zur Trennung ähnlicher Substanzen angewandt werden, oder wenn sie zur quantitativen Elementbestimmung dienen.

Tabelle 6. Siliciumorganische Verbindungen

Substanz	Säule	Literatur
SiH_4, CH_3SiCl_3, $(CH_3)_2SiCl_2$	verschied.	[448]
Rk-Produkte zwischen CH_3Cl u. Si	Polymethoxysiloxan	[481]
Methylchlorsilane	verschied.	[482]
Methylchlorsilane	Paraffinöl	[483]
Methylchlorsilane	keine Angaben	[484]
Methylchlorsilane	Siliconöl OE 4178	[485]
Methylchlorsilane	Chlornaphthalin Dibutylphosphat Nitrobenzol	[486]
$MeSiCl_3$, Me_2SiCl_2, $HSiCl_3$, Me_2HSiCl, $SiCl_4$, $MeHSiCl_2$	Tricresylphosphat	[449]
Hydrolyseprodukte von Me_2SiCl_2 und $MeHSiCl_2$	Siliconöl OE 4011	[487]

Tabelle 6 (Fortsetzung)

Substanz	Säule	Literatur
$(CH_3)_2PhSiCl$ in $CH_3PhSiCl_2$	Silicon PFMS-4	488)
$ClC_2H_4SiCl_3$-Zers. Produkte	Silicon	489)
Halogenhaltige organ Silicone und Ge-Verbindungen	Fluorsiliconöl PFMS-4	490)
Vinyltrichlorsilane	Dibutylphthalat	491)
Organosiloxane u. Polysiloxane	Apiezon L QF-1 UCC-98 Silicongummi	492)
Poly(dimethylhydroxysilane)	Siliconelastomer	493)
Vinyl- u. Alkylsilicium-Derivate	Methylphenylsiliconöl	494)
Pyrolyseprodukte von Aryltrimethylsilanen	keine Angaben	495)
Tetramethylsilan Tetramethyldisilahexan	Apiezon M	496)
1,2 u. 3 Hexyltrimethylsilane	Paraffin	497)
Cyclische Siloxane	Silicongummi	498)
$MeSiH_3$, Me_2SiH_2, Me_3SiH	2-Nitrobiphenyl	499)
Tetraalkylsilane	Silicon 301	500)
Silicohydrocarbons	Siliconöl	501)
$(CH_3)_3SiOH$	Siliconöl 100	502)
Siliciumheterocyclen	keine Angaben	503)
Hexaäthyldisilane	Silicongummi	504)
Chalkogenide von Silicium-organischen Verbindungen, heterocyclische Si-Verbindungen	Apiezon L Ruß Polyäthylenglykol	505)
Trifluorsilylmethane	Siliconöl DC 704	506)
Alkylsilane	Squalan oder Carbowax 4000	507)
1,1 Dimethyl-2-chlorosilan-cyclopentane	20 % Silicon	508)
1-Oxa-2,6-disilancyclohexan	Silicongummi	509)
Organosiliciumverbindungen	verschied.	510)
Butoxyethoxysilanes	Siliconelastomer E 301	511)
Methyl(propyl)-dimethylcyclosiloxane	Polysiloxan	512)

Tabelle 7. Germanium-organische Verbindungen

Substanz	Säule	Literatur
Alkylgermane und -digermane	Squalan, Carbowax 4000	507)
Alkyldigermane	Squalan, Silicon 701	513)
Triethylsilyltriethylgermanes und Hexaäthyldigerman	Silicongummi	504)
Chalkogenhaltige Organogermane	Apiezon L Ruß Carbowax 20 M	505)
Organogermanium-Verb.	verschied.	510)

Tabelle 8. Zinn-organische Verbindungen

Substanz	Säule	Literatur
Butylzinnchloride	Siliconöl OE 4011	514,515)
$BuSnCl_3$ und Bu_3SnCl	keine Angaben	516)
$(C_2H_5)_3SnCl, (C_2H_5)_2SnCl_2, C_2H_5SnCl_3$	keine Angaben	517)
Butylzinnchloride	Siliconöle	518)
Butylzinnchloride	Carbowax 20 M oder Siliconöl	448)
Butyl-, Octyl-Phenylzinnhalide	Silicon MS 200	519)
Butylzinnbromide	SE-30	520)
Tetrazinnalkyle u. Alkylzinnchloride	Siliconöl mit Phthalsäureisodecylester	516,521,523)
Chalkogenhaltige Organozinnverbindungen	Apiezon L Ruß Carbowax 20 M	505)
Organozinnverbindungen	verschied.	524,525)
1-Methyl-2,2-diphenylcyclo-(propyl)-trimethylzinn	Thermol 3	526)
Bu_3HSn	keine Angaben	527)
Organozinnverbindungen	verschied.	510)

Anwendung

Tabelle 9. Bor-organische Verbindungen

Substanz	Säule	Literatur
Alkylborazole	Squalan, Carbowax 4000	507)
Trialkylborane, Mono- u. bicyclische Borane	keine Angaben	528)
Organoborverbindungen u. β-Alkyl-boracyclane	keine Angaben	529)
Borsäureester	Paraffin	530,531)

Tabelle 10. Phosphor- und Arsen-organische Verbindungen

Substanz	Säule	Literatur
Dialkylhydrogenphosphit	Succinatpolyester	532)
Tertiäre Phosphine und Cyclo-tetraphosphine	Apiezon L	533)
Alkyl- und Arylarsane und perfluorierte Organoarsane	SE 30	534)

Tabelle 11. Verschiedene Verbindungen

Substanz	Säule	Literatur
Ferrocen- und Ruthenocen-Derivate	2,2-Dimethylpropan-dioladipat oder Carbowax 20 M	535,536)
Alkylnitrite	β,β'-Oxypropionitril	537)
Alkylnitrate und Nitroverbindungen	Silicon E 301	538)
Selenide und Sulfide	Squalan oder Dinonylphthalat	539,540)
Methylbenzoltricarbonylchrom	SE-30	541)

4.6.1. Substitutions- und Pyrolysereaktionen

(Phenyl)MeSiCl$_2$ und (Phenyl)SiCl$_3$ lassen sich mit Na$_2$SiF$_6$ zu den Fluorderivaten umsetzen und dann an Silicongummi trennen [542]. In Polyalkylsiloxanen werden Me$_3$Si-, Me$_2$Si- und MeSi-Gruppen mit BF$_3$-Ätherat in Methylfluorsilane umgewandelt, die auf Kapillarsäulen mit SE-30 getrennt und bestimmt werden können [543]. Es werden auch Pyrolyseraktionen zur Klärung ähnlicher Probleme benutzt [544]. Auf diese Weise untersuchte man Silicongummi u.ä. Eine Reihe von Äthylverbindungen wie

$$Al(C_2H_5)_3, \quad Sb(C_2H_5)_3, \quad Be(C_2H_5)_2, \quad Pb(C_2H_5)_4, \quad B(C_2H_5)_3,$$
$$\text{und } Sn(C_2H_5)_4$$

werden auf der Säule zersetzt und die Pyrolyseprodukte durch Gaschromatographie auf Paraffinöl mit 15% Triphenylamin getrennt [545]. Mikrogrammengen von Zinkdialkyldithiophosphaten lassen sich durch Pyrolyse und Gaschromatographie der Pyrolyseprodukte bestimmen [546]. In einer gaschromatographischen, indirekten Ni-Bestimmung (ng-Bereich) wird polychloriertes Ni-Xanthogenat zunächst dünnschicht-chromatographisch von anderen Metall-Xanthogenaten abgetrennt, auf der Säule pyrolisiert und der in stöchiometrischen Mengen anfallende polychlorierte Alkohol mit einem ECD bestimmt [80].

4.6.2. Umwandlung anorganischer Verbindungen in organische

Bei der gaschromatographischen Selen-Bestimmung wird SeO_2 mit Chlordiaminobenzidin [547] oder Nitrodiaminobenzidin [548] zu 5-Chlor- bzw. 5-Nitropiazoselenol umgesetzt. Auf SE-30 können diese Verbindungen gaschromatographiert werden, der ECD vermag noch 0,15 μg Se/ml Toluol zu erfassen. Arsen wird über das Diäthyldithiocarbamidat in Triphenylarsen umgesetzt und auf Carbowax 20 M gaschromatographiert [464,549] (Abb. 11). Einwertiges Thallium kann als Cyclopentadienyl-Verbindung auf Siliconöl gaschromatographisch bestimmt werden [550]. Indirekt wird Palladium durch Umsatz seiner Verbindungen mit Propen zu Propylaldehyd und Palladium und gaschromatographische Erfassung des restlichen Propens bestimmt [551,552].

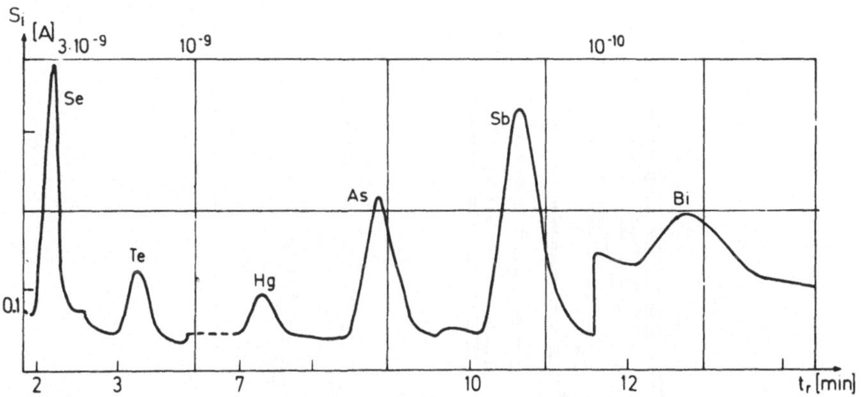

Abb. 11. Trennung des Triphenylarsans von anderen Phenylverbindungen nach [464]

Über die Umwandlung von *Anionen* in organische Derivate, deren gaschromatographische Trennung und Bestimmung, liegen bereits Erfahrungen vor, die in einigen Fällen in Selektivität und Nachweisvermögen eine Überlegenheit gegenüber konventionellen Verfahren erkennen lassen. Das Problem liegt auch hier darin, die Anionen quantitativ in diese Derivative zu überführen.

Besonders elegant ist die Lösung für *Fluorid* [553]: Beim Schütteln einer sauren wäßrigen Fluoridlösung mit Alkylchlorsilan in einem organischen Lösungsmittel wird Chlorid gegen Fluorid ausgetauscht. Die gebildeten flüchtigen Alkylfluorsilane lassen sich mit einem organischen Lösungsmittel ausschütteln und leicht auf die Säule aufgeben. Als Alkylchlorsilane werden entweder Triäthylchlorsilan [553,554] oder Trimethylchlorsilan [555,556] empfohlen. Als Trennflüssigkeit dient Siliconöl. Auf diese Weise lassen sich sehr kleine Fluoridmengen z.B. in biologischem Material [554,556] oder in Zahncremes [555] bestimmen. In wäßrigen Lösungen ist Chlorid nach Umsetzung mit Phenylquecksilber(II)-nitrat bei ca. pH 1,5 zu Phenylquecksilber(II)-chlorid noch im ppb-Bereich gaschromatographisch bestimmbar [557]. Zur Trennung und anschließenden Bestimmung von Halogeniden (F^-, Cl^-, Br^- und J^-) kann man z.B. die Halogenide durch Ionenaustausch zu Tetraalkylammoniumhalogeniden umsetzen, die thermisch leicht in die entsprechenden gut trennbaren Al-

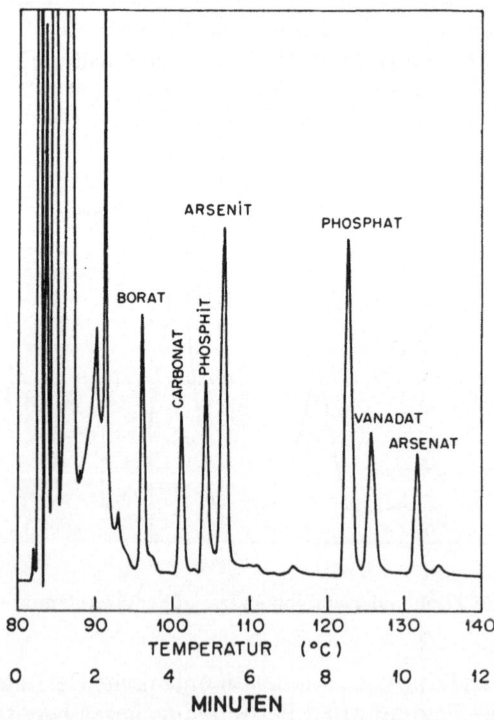

Abb. 12. Trennung von Anionen als Trimetylsilylester nach [561]

kylhalogenide (CH_3F, CH_3Cl, CH_3Br bzw. CH_3J) zerfallen. Leider verlaufen die Umsetzungen nicht quantitativ [558].

Eine andere, quantitative Umsetzung beruht darauf, die Halogenide durch Ionenaustausch in Halogenwasserstoffsäuren zu überführen, die mit Äthylenoxid zu flüchtigen 2-Halogenäthanolen reagieren [404]. Die Reaktionen verlaufen mit 10^{-4} M Halogenidlösungen noch vollständig und ermöglichen Trennungen von Cl^-, Br^- und J^- bei Grenzkonzentrationen $1 : 10^4$ [559]. Verschiedene Anionen sauerstoffhaltiger Säuren (Borat, Carbonat, Oxalat, Phosphit, Phosphat, Arsenit, Arsenat, Sulfat und Vanadat) lassen sich trennen, wenn man ihre Ammoniumsalze mit Bis(trimethylsilyl)trifluoracetamid in Dimethylformamid in die Trimethylsilylester umsetzt (Abb. 12). Zur Trennung werden OV 17 – oder SE 30 – Säulen verwendet [560,561]. Die quantitative Bestimmung bereitet noch Schwierigkeiten. Eine Ausnahme bildet die Phosphatbestimmung, die schon vorher gelang [562]. Zur Bestimmung von Phosphatspuren in wäßriger Lösung wird zunächst Tetraalkylammoniumphosphat gebildet, das erst nach dem Ausschütteln mit einem organischen Lösungsmittel zum Trimethylsilylderivat umgesetzt wird [563].

Über die Trimethylsilylester konnten auf SE 30-Säulen auch die *Silicat-Anionen* SiO_4^{4-}, $Si_2O_7^{6-}$, $Si_3O_{10}^{8-}$, $Si_4O_{12}^{8-}$ getrennt werden [564]; der Umsatz erfolgt in salzsaurer Lösung mit Hexamethyldisiloxan. Die Bestimmung von Sulfat über Diäthylsulfat oder Nitrat über Butylnitrat (Umsetzung der Silbersalze mit Äthyljodid bzw. Butylbromid) verläuft im μg-Bereich nicht mehr vollständig [559].

4.6.3. Spuren-Anreicherungsverfahren

Für die gaschromatographische Bestimmung von *Bleitetraalkylen* in Benzinen werden Apiezon M und L sowie 1,2,3-Tris(2-cyanoethoxy)propan empfohlen [565-571]. Ferner werden die Bleialkyle an Polyäthylenglykol 400 von anderen Stoffen getrennt und auf einem Nickelkatalysator zu Methan umgesetzt; der FID zeigt sie sodann empfindlich an [572,573]. Bei Untersuchungen über die Empfindlichkeit des FID und des ECD gegenüber Bleialkylen wurden keine Unterschiede festgestellt [81]. Besonders selektiv erweist sich die Bestimmung durch Atomabsorptionsspektrometrie [94].

Quecksilberalkyle werden in Nahrungsmitteln [574], Fleisch, Fisch, Ei und Leber [575] und in Fisch [92] bestimmt. Die Benzol-Extrakte der salzsauren Proben können direkt eingespritzt werden. Das Hg wird als CH_3HgCl auf Carbowax 20 M von Begleitstoffen getrennt. Ein spezifischer Detektor (Emissionsspektroskopie bei 2357 Å) für Organoquecksilberverbindungen wird beschrieben [92].

4.7. Metallchelate

Seit dem Erscheinen der ersten Arbeiten über Chelatgaschromatographie sucht man nach leicht zu verflüchtigenden, thermisch stabilen Metallchelaten, die sich wie die 2,4-Diketonchelate einiger Metalle bei verhältnismäßig geringen Säulentemperaturen < 200 °C gaschromatographisch trennen und bestimmen lassen.

Dieses Gebiet erschloß der extremen Spuren- und Mikroanalyse der Elemente neue Möglichkeiten [576-579]. Man baut in die Moleküle stark elektroneneinfangende Substituenten (z.B. F, Cl, Br u.a.) ein, so daß sie mit EC-Detektoren noch im pg-Bereich und darunter nachweisbar werden. Zudem ist die Durchführung der Methode sehr einfach. Man schüttelt die schwach sauren, wäßrigen Metallsalzlösungen mit dem meist in Benzol gelösten Chelatreagenz (z.B. Trifluoracetylaceton). Die organische Phase enthält den Chelatkomplex. Nach Rückschütteln des Reagenzüberschusses mit verdünnter Natronlauge wird ein aliquoter Teil der Lösung auf die Säule gegeben. Abweichend von dieser allgemein anwendbaren Methode lassen sich einige Metalle direkt mit dem Komplexbildner umsetzen [580,581].

Für die Gaschromatographie der sehr temperaturempfindlichen, polaren Metallchelate werden durchweg gepackte Säulen mit desaktivierten Trägermaterialien (silanisierte Glasperlen, „glasbeads" u.a.) benutzt. Als Trennflüssigkeit genügen meist wenig selektive Siliconöle, -fette oder -gummis und nur in Ausnahmefällen sind mittelpolare Flüssigkeiten erforderlich. Bei den meisten Bestimmungen ist es günstig, Isomere der Metallchelate nicht zu trennen, da die quantitative Auswertung eines großen Piks genauer ist als die Auswertung von zwei kleinen. Durch Variation von Säulenbelegung und Temperatur kann man Isomere einmal gemeinsam oder getrennt erfassen; näheres z.B. unter Rhodium.

Die Detektoren-Wahl ist nicht problematisch: Es ist angezeigt, den WLD bei größeren, den FID bei kleineren und den ECD bei allerkleinsten Mengen zu verwenden, den ECD allerdings nur mit halogenierten Chelatliganden (bei dieser indirekten Anzeige wird das Zentralatom nicht erfaßt). Die spezifischen Flammenemissions- oder absorptionsspektralphotometer als Detektoren werden beschrieben [582], haben sich aber bisher nicht durchgesetzt. Einmal sind solche Geräte aufwendig und nur für diesen Zweck einsetzbar, und zum anderen ist die Trennleistung der Gaschromatographie so hoch, daß spezifische Detektoren entbehrlich sind.

Die Gaschromatogrphie wird auch zur präparativen Trennung von Chelaten benutzt; es werden sehr reine Al-, Fe- und Cr-Verbindungen erhalten [583].

4.7.1. 1. Hauptgruppe

Die Möglichkeiten einer Gaschromatographie von Alkalimetallverbindungen wurden untersucht [584]. Eine Reihe von Liganden bilden mit den leichteren

Alkalimetallen verdampfbare Chelate, von denen Pentafluor-6,6-dimethylheptandion-3,5 und Heptafluor-7,7-dimethyloctandion-4,6 noch unter 200 °C sublimieren. Die Chelate von Li(I), Na(I) und K(I) haben zwar auf Silicongummi individuelle Retentionszeiten, bei Mischungen erfolgt aber ein Austausch der Metallzentralatome untereinander; damit sind Trennungen unmöglich.

4.7.2. 2. Hauptgruppe

Das Verfahren zur Bestimmung kleiner Mengen *Beryllium* ist am weitesten ausgereift. Als Komplexbildner dient vor allem Trifluoracetylaceton (TFA) [585,586]. Der erfaßbare Bereich liegt zwischen 10^{-11} und 10^{-13} g [587,588]. Inzwischen liegen mehrere Arbeiten über Beryllium-Bestimmungen [589-592a] in biologischem Material und im Mondgestein [592b] vor. Das Beryllium kann aus Körperflüssigkeiten direkt ohne Aufschluß mit TFA in Benzol extrahiert und die Extraktionslösung direkt injiziert werden. Es wird z.B. mit Säulen aus Teflon mit 5% SE 52 auf Gas-Chrom Z bei 110 °C gearbeitet. Außer TFA wird 2,6-Dimethylheptandion-3,5 [593] und Heptafluordimethyloctandion [581] empfohlen.

Die Gaschromatographie der *Erdalkalimetalle* wurde untersucht [594]. Mit 2,2,6,6-Tetramethyl-3,5-heptandion bilden sich thermisch genügend stabile Chelate, doch lassen sich Ca(II)/Mg(II) und Ca(II)/Sr(II) nicht trennen, da diese polynucleare Chelate mehrere Metallatome binden.

4.7.3. 3. Hauptgruppe

Eine Gaschromatographie der *Bor-Chelate* ist nicht beschrieben. *Aluminium* ist gut zu bestimmen; zur Chelatbildung werden benutzt: TFA [580.588,595-598], Heptafluordimethyloctandion [581], Pivaroyltrifluoraceton [599], 2,6-Dimethyl-heptandion-3,5 [593] und Thenoyltrifluoraceton [588]. In Uranmetall liegt die Nachweisgrenze unter 0,1 ng Al [580]. Vorschriften zur Bestimmung in Legierungen liegen vor [600], ebenso über die Aluminium-Bestimmung in biologischem Material [601]. Aluminium, *Gallium und Indium* lassen sich als Trifluoracetylacetonate trennen und bestimmen [588,602].

4.7.4. 4.–8. Hauptgruppe

Für Elemente dieser Gruppe sind keine gaschromatographischen Bestimmungsmethoden über Chelate bekannt. Einige fluorierte Diketone ergeben beim Blei flüchtige Chelatverbindungen, die aber stark auf gaschromatographischen Säulen adsobiert werden [603].

4.7.5. 1. Nebengruppe

Kupfer bildet verdampfbare Chelatkomplexe mit: 2,6-Dimethylheptandion-3,5 [593], Pivaroyltrifluoraceton [599,604], 4-Imino-2-pentanen [605], Heptafluordimethyloctandion [581], TFA [596,600,606].

Über die Möglichkeiten der *Cu(II)/Fe(III)-Trennung* bestehen unterschiedliche Ansichten [600,606]. In der zweiten Arbeit (Kupferbestimmung in Nickel- und Kupferlegierungen) wird sie im Gegensatz zur ersten bejaht: Das Cu-acetylacetonat wird mit EDTA aus der organischen Phase extrahiert und stört so die gaschromatographische Bestimmung selbst kleiner Mengen Eisen und Aluminium nicht mehr. Für Silber und Gold wurden bisher keine gaschromatographischen Bestimmungen beschrieben.

4.7.6. 2. Nebengruppe

Über die Gaschromatographie der *Zinkchelate* wird, außer in [606a], nur in älteren Veröffentlichungen berichtet [576]; ihre praktische Anwendung scheint durch partielle thermische Zersetzung Schwierigkeiten zu bereiten [599]. *Cadmium* und *Quecksilber* zeigen nur geringe Chelatbildungstendenz.

4.7.7. 3. Nebengruppe

Scandium kann neben Aluminium und Beryllium quantitativ bestimmt werden [607]. Die Seltenen Erden lassen sich u.a. in 2,2,6,6-Tetramethylheptandion-[608] bzw. Pivaloyltrifluoraceton [609]-Chelate überführen, die sämtlich zur gaschromatographischen Bestimmung geeignet sind. Gemischte Komplexe mit Hexafluoracetylaceton (HFTA) und Tributylphosphat (TBP) (Me(III)-(HFTA)$_3$(TBP)$_2$) sind beschrieben worden [610].

Die Retentionszeiten der *Seltenen-Erden-Chelate* sinken mit kleiner werdenden Radien der Zentralatome. Obwohl eine ganze Reihe Trennungen bekannt sind, scheint eine vollständige Auftrennung der Seltenen Erden und der Begleitelemente noch nicht möglich zu sein. Als Pivaloyltrifluoraceton wurden z.B. Sc(III), Y(III), Nd(III), Sm(III), Eu(III), Gd(III), Tb(III), Dy(III), Er(III), Yb(III) und Lu(III) voneinander getrennt [611,612]. Angaben über La(III), Pr(III), Ho(III) und Tm(III) fehlen. Als Chelatbildner werden auch 1,1,1,2,2,3,3-Heptafluor-7,7-dimethyl-4,6-octandione [613] und Isobutyrylpivalylmethylmethan [613a] empfohlen.

4.7.8. 4. Nebengruppe

Bisher ist nur das *Thorium* erfaßt worden: Als Liganden werden Hexafluoracetylaceton [614], TFA [585] und 1,1,1,2,2,3,3-Heptafluor-7,7-dimethyl-octandion-4,6 [615] genannt. Unsymmetrische Piks werden durch Sättigen des Trägergases mit TFA wesentlich verbessert [586]

4.7.9. 5. Nebengruppe

Von *Vanadyl-trifluoracetylacetonat* auf einer Säule mit 0,5% DC 710 mit Temperaturprogramm von 50–130 °C bringt der FID einwandfreie Piks; die Eichkurve verläuft zwischen 1 und 30 μg V linear [616].

4.7.10. 6. Nebengruppe

Chrom bildet sehr leicht mit 2,4-Diketonen flüchtige Chelatkomplexe, es entstehen cis-trans-Isomere, die jedoch wegen Fehlererhöhung bei der Auswertung von 2 Piks nicht getrennt werden sollten. Allgemein wird TFA benutzt. Neben der Trennung des Cr von anderen Metallchelaten [585,586,597,606,617] wird die Chrombestimmung in biologischem Material [618-621] und in Metallen [580,581,622] beschrieben. Im Mikrowellenfeld reagiert das Metall in Gegenwart kleiner HNO_3-Mengen direkt mit dem Reagenz zum Chelat. Die Lösung kann dann nach Verdünnung direkt auf die Säule gegeben werden. Mit dem ECD lassen sich noch 0,1 ng Cr [580] oder 25 pg Cr [619] erfassen. Auch Trifluoracetylpivaloylmethan wird als Chelatbildner empfohlen [599].

Während für *Uran* die Liganden TFA (zusammen mit Di-n-butylsulfoxid [614]) und 1,1,1,2,2,3,3-Heptafluor-7,7-dimethyloctandion-4,6 [615] beschrieben sind, ist über Molybdän und Wolfram bisher nichts bekannt. Eine quantitative Uran-Bestimmung durch Lösungsmittelextraktion bei pH 4,5 und Gaschromatographie wird beschrieben [614], doch ist bei Verwendung des WLD die Empfindlichkeit auf $0,6 \cdot 10^{-3}$ g/ml begrenzt.

4.7.11. 7. Nebengruppe

Mn(III) bildet mit Trifluorpivaloylaceton verdampfbare Chelate, die sich aber für die Gaschromatographie nicht sehr eignen [599]. Anscheinend wegen der geringen Tendenz zur Chelatbildung liegen für die anderen Elemente keine gaschromatographischen Erfahrungen vor.

4.7.12. 8. Nebengruppe

Auch in der 8. Nebengruppe ist TFA das bevorzugte Chelatreagenz. Vor allem für *Eisen* liegen viele Untersuchungen vor [623]. Bestimmungsmethoden für Legierungen wurden beschrieben [600]. Als weitere Chelatbildner werden Trifluoracetylpivaloylaceton [599] und Heptafluordimethyloctandion [581] genannt.

Kobalt-Bestimmungen gestalten sich etwas schwierig, da 3 Piks auszuwerten sind (einen für Co(II) und zwei für Co(III) (cis-trans-Isomere)) [593]. Bei Oxidation des Co(II)-Komplexes mit H_2O_2 zum Co(III)-Komplex tritt auf Säulen mit 3% SE 30 bei 110 °C nur ein Co-Pik auf [624].

Nickel kann in Form des 2,6-Dimethylheptandion-3,5-Chelats [593] oder des 4-Imino-pentanon-2-Chelats [605] gaschromatographisch bestimmt werden. Praktische Anwendungen fehlen aber. Der Ni(II)- oder Co(II)-Trifluoracetylaceton-dimethylformamid-Komplex (1 : 2 : 2) in Benzol kann bestimmt werden, jedoch ist die Trennung beider nicht möglich [625].

Ferner ist über das Pd-Heptafluor-dimethyloctandion-Chelat [581] und die Ru- [581] und Rh- [597] trifluoracetylacetonate berichtet worden. Bei der *Rhodium*-Bestimmung mit dem ECD liegt die Nachweisgrenze bei $2,2 \cdot 10^{-12}$ g Rh; Abtrennung von Aluminium und Chrom ist gut möglich. Trennphase ist 5% SE 30 bei 145 °C, es erscheint nur ein Pik der Rhodium-Chelate (Abb. 13). Mit DC-Hochvakuumsiliconfett bei 105 °C erreicht man eine Trennung der cis-trans-Isomeren (Abb. 14).

Mit Monothioacetylaceton bilden sich stabile Co(II)- und Pd(II)-Chelate, die auf Apiezon L bei 170—220 °C gut getrennt werden können [626,626a] ebenso mit Hexafluormonothioacetylaceton [626b].

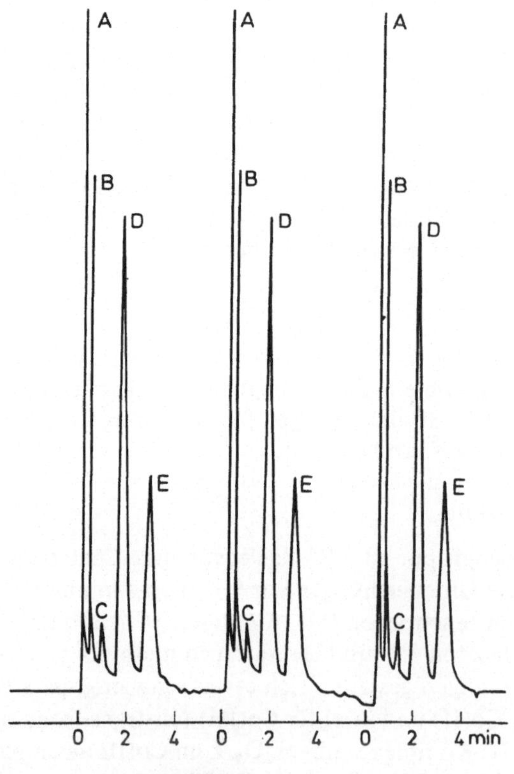

B Hexachloräthan D Cr(tfa)
C Al(tfa) E Rh(tfa)

Abb. 13. Gaschromatographische Bestimmung von Rhodium ohne Auftrennung der Isomeren [597]

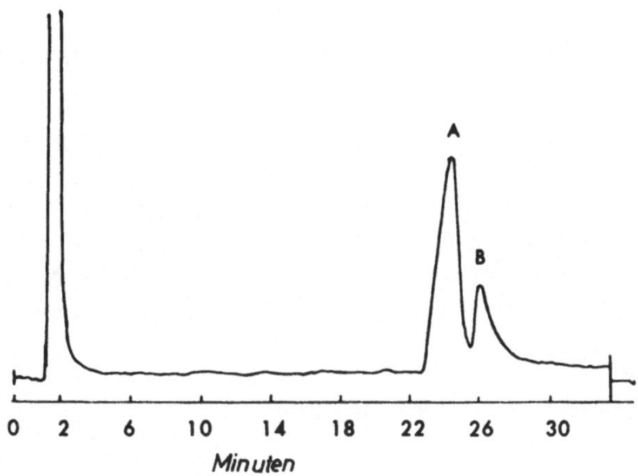

A. trans-Rh(tfa)$_3$, *B.* cis-Rh(tfa)$_3$

Abb. 14. Trennung der Isomere der Rh-Chelate [597]

4.7.13. Hochdruck-Gas-Chromatographie

Bei einem völlig *neuen gaschromatographischen Prinzip* für Chelate [627-629] wird als mobile Phase Dichlordifluormethan mit einem Überdruck von etwa 1000 psi eingesetzt. Bei diesem Verfahren ist noch unklar, ob sich die mobile Phase als Gas oder als Flüssigkeit verhält. Manche Anzeichen wie der Verbleib des in CCl_2F_2 unlöslichen Mn(III)-ätioporphyrats im Einspritzblock sprechen für eine Beteiligung von Lösungseffekten beim Transport der Chelate durch die Säule.

Es ist möglich, mit einer Reihe von Chelaten zu arbeiten, die sich unter anderen Bedingungen zersetzen. Da ein halogen-haltiges Trägergas verwandt wird, erfolgt die Bestimmung atomabsorptiometrisch, nicht mit ECD. Eine Reihe von Trennungen werden aufgezeigt, es kann aber z.Z. noch nicht übersehen werden, ob das Prinzip der Hochdruck-Gas-Chromatographie sich für die angewandte Analyse allgemein eignen wird, deshalb sollen die bereits ausgearbeiteten Verfahren nur kurz in tabellarischem Stil aufgeführt werden.

Metall-Acetylacetonate [627]

Klassifikation von Metall-Acetylacetonaten durch ihr Verhalten bei der Hochdruck-Gas-Chromatographie.

I: Na, K, Be, Al, Ga, Sc, Y, Lanthanide (III), TiO, TiCl$_2$, Zr, VO, Mn-(III), Fe-(III), Co-(II), Ni, Cu
II: Ru-(III), Co-(III), Rh-(II), Ir-(III)
III: Pd-(II)

IV: Pt-(II)
V: Li, In, Tl, Cr-(III), Mn-(II), Zn-(II), Cd, Pb-(II), Th-(IV), U-(IV), UO_2
VI: Mg, Ca, Sr; Ba, MoO_2

Elemente der Gruppen I, II, III und IV können voneinander getrennt werden.

Die Elemente der Gruppe V überlappen mit denen der Gruppen I und II, werden aber von Pd und Pt getrennt. Die Chelate der Gruppe VI werden zersetzt. Unklar ist, als was die Chelate der Metalle Li, Na, K, In, Tl, der Lanthanide, $TiCl_2$, Zr, Mn-(II), Th und Pb-(II) eluiert werden.

Salicylaldoximate [629]

Salicylaldoximate von: Ni-(II), Cu-(II), Zn-(II)

Thenoyltrifluoracetonate [629]

Thenoyltrifluoracetonate von: Sc-(III), Y-(III), Eu-(III), Al-(III), Zr-(IV), VO, Fe-(III), Co-(III), Ni-(II), Pd-(II), Cu-(II), Zn-(II), Th-(IV), UO_2

Äthioporphyrinate [628]

Äthioporphyrinate von: Mg-(II), TiO, VO, Mn-(II), Fe-(III), Co-(II) und Co-(III).
Ni, Pd, Pt, Cu, Zn (alle -II).

5. Literatur

[1] Tadmor, J.: Gas chromatography in inorganic chemistry. Chromatog. Rev. *1963*, 5.

[2] Anvaer, B. I., Okhotnikov, B. P.: Gas chromatography in analysis of inorganic substances. Zh. Analit. Khim *19*, 484 (1964). — Chem. Abstr. *61*, 3659 (1964).

[3] Juvet, R. J., Zado, F.: Inorganic gas chromatography. Advances in chromatography. New York: M. Dekker Inc. 1965.

[4] Fujinaga, T., Shinohara, Y.: Gas chromatography. IV. Gas chromatography of inorganic compounds. Kagaku No Ryoiki Zokan *53*, 1 (1962). — Chem. Abstr. *60*, 3470 (1964).

[5] Jeffery, P. G., Kipping, P. J.: Gas analysis by gas chromatography. Internat. Series of monographs on analyt. chem. Bd. 17. London: Pergamon Press 1964.

[5a] Kieselev, A. V., Jashin, Y. I.: Gas-adsorption chromatography. New York-London: Plenum Press 1969.

[6] Kaiser, R.: Chromatography in der Gasphase. 2. Aufl. Mannheim-Zürich: Bibliographisches Institut 1969.

[7] Leibnitz, E., Struppe, H. G.: Handbuch der Gas-Chromatographie. 2. Aufl. Weinheim: Verlag Chemie 1970.

[8] Gardner, W. F., Farrow, N. H.: Multicolumn gas chromatography using a single detector. British patent 1,053,205 (1966). — Chem. Abstr. *66*, 57696 (1967).

[9] Lukac, S.: Chromatography method using 2 columns for analysis of inorganic gases and C_1–C_2-hydrocarbons formed by radiolysis of acetic acid. Chromatographia *3*, 359 (1970).

[10] Kolb, B., Wiedeking, E.: Dual-channel series to parallel arrangement of gas-chromatographic separation columns by means of column switching. Gas-chromatographic analysis of natural gases. Chromatographia *1*, 98 (1968).

[11] Churacek, J., Komarkova, H., Komarek, K., Dufka, O.: Gas-chromatographic separation of a mixture of nobel gases and permanent gases and lower saturated and unsaturated hydrocarbons. Chromatographia *3*, 465 (1970).

[12] Malan, E., Brink, B.: Combination of gas-chromatographic columns for analysis of inorganic gases and lower hydrocarbons. Chromatographia *4*, 178 (1971).

[13] Deans, D. R., Huckle, M. T., Peterson, R, M.: New combination of columns for gas chromatographic analysis of gases by using a non mechanic switching technique. Chromatographia *4*, 279 (1971).

[14] Deans, D. R.: New technique of heart cuttings in gas chromatography. Chromatographia *1*, 18 (1968).

[15] Kaiser, R.: Temperature gradient chromatography. 1. Reversions gas chromatography. Chromatographia *1*, 199 (1968).

[16] Oster, H.: Reversions gas chromatography, measuring technique and application. Z. Anal. Chem. *247*, 257 (1969).

[17] Kaiser, R.: Reversions gas chromatography. A method for determination of traces of volatile substances at the ppb-level. Z. Anal. Chem. *236*, 168 (1968).

Literatur

18) Kaiser, R.: Reversions gas chromatography. A new method for micro analysis of traces of volatile substances. Naturwissenschaften 57, 295 (1970).

19) Grubner, O.; Jim, P., Ralek, M.: Molekularsiebe. Berlin: VEB Deutscher Verlag der Wissenschaften 1968.

20) Glasgow, A. R.: High temperature valve for corrosive gases. Anal. Chem. 38, 1104 (1966).

21) Sokolov, D. N., Vakin, N. A., Kalmykov, J. B.: Gas chromatograph for working by temperatures at 1000°. Zav. Lab. 35, 150 (1969). − Z. Anal. Chem. 250, 44 (1970).

22) Stumpp, E.: Gas chromatography of solid metal chlorides. Z. Anal. Chem. 242, 225 (1968).

23) Sokolov, D. N., Baidarovtseva, M. A., Vakin, N. A.: Gas-chromatographic separation of metal vapours. Izv. Akad. Nauk SSSR., Ser. Khim. 1968, 1396. − Anal. Abstr. 17, 2611 (1968).

24) Conti, M. L., Lesimple, M.: Separation of hydrogen isotopes by gas-solid chromatography. J. Chromatog. 29, 32 (1967).

25) Hollis, O. L.: Separation of gaseous mixtures using porous polyaromatic polymer beads. Anal. Chem. 38, 309 (1966).

26) Kaiser, R.: Carbon molecular sieve. Chromatographia 3, 38 (1970).

27) Aylmore, L. A. G., Barrer, R. M.: Surface and volume flow of single gases and of binary gas mixtures in a microporous carbon membrane. Proc. Roy. Soc. A 290, 477 (1966). − Gas Chromatog. Abstr. 1966, 1102.

28) Hirschmann, R. P., Mariani, T. L.: Synthetic diamond − a solid adsorbent for corrosive gases. J. Chromatog. 34, 78 (1968).

29) Pitak, O.: Gas chromatography of inorganic fluorine compounds. II. Investigation about efficiency of gas liquid chromatography for separation of volatile, corrosive inorganic fluorides. Chromatographia 2, 462 (1969).

30) Kohlschüttler, H. W., Höppe, W.: Gas adsorption chromatography with active chromium (III) oxide. Z. Anal. Chem. 197, 133 (1963).

31) Cadogan, D. F., Sawyer, D. F.: Gas-solid chromatographic using various thermally activated and chemically modified silicas. Anal. Chem. 42, 190 (1970).

32) Engelbrecht, A., Nachbaur, E., Mayer, E.: Gas chromatographic analysis of mixtures of inorganic fluorides. J. Chromatog. 15, 228 (1964).

33) Zhdanov, S. P., Kiselev, A. V., Yashin, Y. I.: Use of porous glass in gas adsorption chromatography. Gaz. Khromatogr. 1, 5 (1964). − Chem. Abstr. 67, 65824 (1967).

34) Grob, R. L., Weinert, G. W., Drelich, J. W.: Evaluation of alkali metal chlorides and nitrates as column packings in gas-solid chromatography. J. Chromatog. 30, 305 (1967).

35) Cockle, N., Fitch, G. R.: The use of sephadex in gas chromatography columns. Chem. Ind. 1966, 1970. − Gas Chromatog. Abstr. 1967, 469.

36) Kiselev, A. V.: Adsorbents in gas chromatography. Advances in chromatography, Bd. 4, 113. New York: Marcel Dekker Inc. 1967.

37) Purcell, J. E.: Separation of permanent gases by open tabular columns. Nature 201, 1321 (1964).

38) Ilkova, E. L., Mistryukov, E. A.: Pretreatment of the inner surface of open tubular columns for gas chromatography. Chromatographia 4, 77 (1971).

39) Brazhnikov, V., Moseva, L., Sakodynski, K.: Improvement of qualities of teflon supports. J. Chromatog. 38, 287 (1968).

40) Brazhnikov, V. V., Moseva, L. I., Sakodynskij, K. I.: Polymer teflon support "Polychrome". Chromatographia 3, 306 (1970).

41) Mishin, V. I., Dobychin, S. L.: Porous PTFE as adsorbent in gas chromatography of metal-β-diketone chelates. Zh. Prikl. Khim, Leningr. 43, 1584 (1970). − Anal. Abstr. 20, 3604 (1971).

44

42) Lawson, A. E., Miller, J. M.: Thermal conductivity detectors in gas chromatography. J. Gas Chromatog. *4*, 273 (1966).

43) Gough, T. A., Walker, E. A.: Techniques in gas chromatography. III. Choice of detectors. Analyst *95*, 1 (1970).

44) Hartmann, H. C.: Gas chromatography detectors. Anal. Chem. *42*, 113 A (1971).

44a) Jentzsch, D., Otte, A.: Detektoren in der Gas-Chromatographie. Frankfurt: Akad. Verlags-Ges. 1970.

44b) Selucky, M. L.: Specific gas chromatography detectors. Chromatographia *4*, 425 (1971).

45) Richmond, A. B.: Thermal conductivity detectors for gas chromatography. A literature survey. J. Chromatog. Sci. *9*, 92 (1971).

45a) Hara, N., Yamano, S., Kumagaya, Y., Ikebe, K., Nakayamy, K.: Relative Response of the thermal conductivity detector using hydrogen as carrier gas. I. Relative molar repsonses to inorganic gases and hydrocarbons. Kogyo Kagaku Zasshi *66*, 1801 (1963). − Gas Chromatog. Abstr. *1965*, 391.

46) Dubois, L., Monkman, J. L.: Using of frontal analysis in sample taking and determination of carbon monoxide in air. Mikrochim. Acta *1970*, 313.

47) Berezkin, V. G., Mysak, A. E., Polak, L. S.: Gas chromatographic determination of oxygen with the aid of an ionisation detector. Invest. Akad. Nauk. SSSR, Ser. Khim. *1964*, 1871. − Anal. Abstr. *13*, 750 (1966).

48) Schaefer, B. A.: Analysis of inorganic sulfur compounds by flame ionisations detector. Anal. Chem. *42*, 448 (1970).

49) Gaier, M., Lagashina, M. N., Okhotnikov, B. P., Fesenko, E. P.: Use of flame ionisations detector for the analysis of low boiling gases. Gaz. Khromatogr., Akad. Nauk SSSR, Tr. Vtoroi Vses Konf., Moscow 1962. − Chem. Abstr. *62*, 4585 (1965).

50) Walker, B. L.: Response of the hydrogen flame ionisation to carbon disulphide. J. Gas Chromatog. *4*, 384 (1966).

51) Garzo, G., Fritz, D.: Qualitative and quantitative detection of organosilicon compounds by modified flame ionisation detector. Gas Chromatog. Rome Symp. (ed. A. B. Littlewood), 1966. − Gas chromatog. Abstr. *1968*, 49.

52) Fritz, D., Garzo, G., Szekely, T., Till, F.: Anomalous response of the flame ionisation detector to organosilicon compounds. Acta Chim. Hung. *45*, 302 (1965). − Gas chromatog. Abstr. *1966*, 1127.

53) Jentzsch, D., Zimmermann, H. G., Wehling, I.: Concerning the specific gas chromatographic identification of halogen and phosphorus containing compounds in a 2-stage flame ionisation detector. Z. Anal. Chem. *221*, 377 (1966).

54) Page, F. M., Wolley, E. D.: Mechanism of the determination of phosphorus with a flame ionisation detector. Anal. Chem. *40*, 210 (1968).

55) Rambeau, G.: Determination of ammonia in a mixture of hydrogen and nitrogen by gas-solid chromatography. Chim. Anal. *52*, 774 (1970).

55a) Craven, D. A.: Simplified version of the alkali flame ionisation detector for nitrogen mode operation. Anal. Chem. *42*, 1679 (1970).

56) Cremer, E.: New selective detectors in gas chromatography. J. Gas Chromatog. *5*, 329 (1967).

56a) Dressler, M., Janak, J.: Detection of sulfur compounds with an alkali flame ionisation detector. J. Chromatog. Sci. *7*, 451 (1969).

57) Bechthold, E.: A high selective halogen and sulfur detector for gas chromatography. Z. Anal. Chem. *221*, 262 (1966).

57a) Berck, B., Westlake, W. E., Gunther, F. A.: Micro determination of phosphin by gas chromatography with detection by micro coulometry, thermionic and flame photometry. J. Agr. Food Chem. *18*, 143 (1970). − Z. Anal. Chem. *255*, 284 (1971).

Literatur

58) Dressler, M., Janak, J.: Detection of halogen compounds by the alkali flame ionisation detector. J. Chromatog. *44*, 40 (1969).

59) Riva, M., Carisano, A.: Compact dual channel flame ionisation — cum — thermionic detector for high specifity chromatography analysis. J. Chromatog. *36*, 269 (1968).

60) Galwey, A. K.: Application of the radioactive ionisation detector to the determination of permanent gases by gas chromatography and some uses in studies of chemical kinetics. Talanta *9*, 1043 (1962).

61) Lasa, J.: Possibilities of increasing radio ionisation detector sensitivity to permanent gases by applying gas amplication. Chem. Anal. *13*, 1071 (1968). — Anal. Abstr. *18*, 675 (1970).

62) Zielinski, E.: Use of argon ionisation detector with ^{63}Ni source for chromatographic determination of hydrogen sulphide, sulfur dioxide and carbon oxy-sulfide. Chem. Anal. *14*, 521 (1969). — Z. Anal. Chem. *254*, 378 (1971).

63) Bothe, H.-K., Leonhardt, J.: The role of the argon ionisation detector in the analysis of traces of inorganic gases. J. Chromatog. *19*, 1 (1965).

63a) Behrendt, S.: Gas chromatography detectors of extreme sensitivity based on ionisation and on radioactivity. Chromatographia *3*, 556 (1970).

64) Krestovnikov, A. N., Sheinfinkel, I. G.: Argon detector for determination of mercury gases. Gaz Khromatogr., Sb. Moscow *1964*, 53. — Chem. Abstr. *65*, 1373 (1966).

65) Hill, D. W., Newell, H. A.: The variation with polarising voltage of the response to methane, carbon dioxide and nitrous oxide of a macro-argon ionisation detector for gas chromatography. J. Chromatog. *32*, 737 (1968).

66) Sporek, K. F.: New type of argon ionisation, helium electron capture detector for gas chromatography. US-At. Energy Comm. Rpt. Conf-650, 809 (1966). — Anal. Abstr. *14*, 3715 (1967).

67) Hill, D. W., Newell, H. A.: The effect of nitrous oxide and carbon dioxide on the sensitivity of small argon detector for use in gas chromatography. Nature *201*, 1215 (1964).

68) Goldbaum, L. R., Domanski, T. J., Schloegel, E. L.: The use of a helium ionisation detector for the determination of atmospheric gases. J. Gas Chromatog. *6*, 394 (1968).

69) Tsuchiya, M., Yasuda, Y., Kamada, H.: Gas chromatographic trace analysis of permanent gases by using radioactive ionisation detector. Bunseki Kagaku *14*, 155 (1965). — Gas chromatog. Abstr. *1966*, 469.

70) Bourke, P. J., Dawson, R. W., Denton, W. H.: Increased sensitivity of a radioactive ionisation detector. J. Chromatog. *19*, 425 (1965).

71) Hartmann, C. H., Dimick, K. P.: Helium detector for permanent gases. J. Gas Chromatog. *4*, 163 (1965).

72) Parkinson, R. T., Wilson, R. E.: Anomalous response of a helium ionisation detector. J. Chromatog. *24*, 412 (1966).

73) Bourke, P. J., Dawson, R. W.: The sensitivity to oxygen of an ionisation detector with helium and neon at the carrier gases. Nature *211*, 409 (1966).

74) Simin, V. B., Markevich, A. V., Dobychin, S. L.: Highly sensitive detection of micro amounts of permanent gases. Zh. Prikl. Khim. Leningr. *40*, 1303 (1967). — Anal. Abstr. *15*, 5771 (1968).

75) Castello, G., Munari, S.: Gas chromatographic analysis of gaseous atmospheric pollutants with a metastable helium detector. Chim. Ind. (Milan) *51*, 469 (1969). — Anal. Abstr. *19*, 1806 (1970).

76) Bishton, J. C.: A helium detector probe. J. Inst. Fuel *40*, 465 (1967). — Anal. Abstr. *16*, 424 (1969).

77) Bowman, M. C., Beroza, M.: A copper-sensitized, flame-photometric detector for gas chromatography of halogen compounds. J. Chromatog. Sci. *7*, 484 (1969).

78) Lovelock, J. E., Gregory, N. L.: Electron capture ionisation detectors. Gas Chromatog. Instr. Soc. Am. Symp., June 1961. – Gas Chromatog. Abstr. *1964*, 587.

79) Pitak, O.: Gas chromatography of inorganic fluorine compounds. I. Gas chromatography of volatile, corrosive fluorides. Chromatographia *2*, 304 (1969).

80) Schuphahn, I., Ballschmiter, K., Tölg, G.: Use of polychlorous compounds for gas chromatographic determination of elements in the ng-level. I. Polychlorous xanthogenates and their use for nickel determination. Z. Anal. Chem. *255*, 116 (1971).

81) Boettner, E. A., Dallos, F. C.: Comperative sensitivity of the electron capture to chlorinated and lead substituted compounds. J. Gas Chromatog. *3*, 190 (1965).

81a) Kojima, T., Seo, Y., Nishida, J.: Selectiv detection of oxygen compounds by gas chromatography. Japan Analyst *17*, 1496 (1968). – Z. Anal. Chem. *249*, 314 (1970).

81b) Kilarska, M.: Application of an electron-capture detector in chromatographic analysis for volatile sulfur compounds. Chem. Anal. *15*, 953 (1970). – Anal. Abstr. *21*, 1534 (1971).

82) Dagnall, R. M., Pratt, S. J., West, T. S., Deans, D. R.: Micro wave detector for gas chromatography. Former investigation with sulphur compounds. Talanta *17*, 1009 (1970).

84) Williams, H. P., Winefordner, J. D.: Several high sensitivity radio frequency detectors for permanent gas analysis. J. Gas Chromatog. *6*, 11 (1968).

85) Overfield, C. V., Winefordner, J. D.: Selective indium halide flame emission detector – potentially useful detector for gas chromatography. J. Chromatog. Sci. *8*, 233 (1970).

86) Gutsche, B., Herrmann, R.: On a combination of gas chromatography and flame photometry for the detection of chlorine. Z. Anal. Chem. *245*, 274 (1969).

86a) Gutsche, B., Herrmann, R.: A specific detector for bromine compounds in gas chromatography. Z. Anal. Chem. *249*, 168 (1970).

87) Gutsche, B., Herrmann, R.: Iodine-specific detector for a gas chromatograph. Z. Anal. Chem. *253*, 257 (1971).

87a) Gutsche, B., Herrmann, R., Rüdiger, K.: A fluorspecific detector for gas chromatography. Z. Anal. Chem. *258*, 273 (1972).

88) Sevcik, J.: Selective determination of sulphur, chlorine and nitrogen with a combination of flame photometric and flame ionisation detectors. Chromatographia *4*, 195 (1971).

89) Bowman, M. C., Beroza, M.: Gas chromatographic detector for simultaneous sensing of phosphorus and sulfur containing compounds by flame photometric. Anal. Chem. *40*, 1448 (1968).

90) Braun, W., Peterson, N. C., Bass, A. M., Kurylo, M. J.: A vacuum ultraviolet atomic emission detector. Quantitative and qualitative chromatographic analysis of typical C, N, S containing compounds. J. Chromatog. *55*, 237 (1971).

91) Overfield, C. V., Winefordner, J. D.: Measurement of permanent gases by a flame emission gas chromatographic detector. J. Chromatog. *30*, 339 (1967).

92) Bache, C. A., Lisk, D. J.: Gas chromatographic determination of organic mercury compounds by emission spectrometry in a helium plasma. Application to the analysis of methylmercuric salts in fish. Anal. Chem. *43*, 950 (1971).

93) Crider, W. L., Slater, R. W.: Flame-luminescence intensification and quenching detector (FLIQD) in gas chromatography. Anal. Chem. *41*, 531 (1969).

94) Kolb, B., Kemmner, G., Schleer, F. H., Wiedeking, E.: Specific element detection of metallic compounds with atomic absorption spectroscopy after gas chromatographic separation. Z. Anal. Chem. *221*, 166 (1966).

95) Guillemin, C. L., Auricourt, M. F.: Choice of carrier gas for the gas density balance. J. Gas Chromatog. *2*, 156 (1964).

[96] Yamane, M.: Photoionisation detector for gas chromatography. I. Detection of inorganic gases. J. Chromatog. *14*, 355 (1964).

[97] Grice, H. W., David, D. J.: Performance and application of an ultrasonic detector for gas chromatography. J. Chromatog. Sci. *7*, 239 (1969).

[98] Hillmann, G. E., Lightwood, J.: Determination of small amounts of oxygen using a Hersh cell as a gas chromatography detector. Anal. Chem. *38*, 1430 (1966).

[99] Dijkstra, A., Fabrie, C. C. M., Kateman, G., Lamboo, C. J., Thissen, J. A. L.: According conductometry for the determination of small amounts of CO_2 and its use on combination with the combustion technique in gas chromatography. J. Gas Chromatog. *2*, 180 (1964).

[100] Mohnke, M., Piringer, O., Tataru, E.: Analysis of the isotope molecules of hydrogen using capillary columns and electrolytic conductivity detector. J. Gas Chromatog. *6*, 117 (1968).

[101] Richardson, B. J., Narain, C.: Some notes on the direct current discharge detector. J. Chromatog. *26*, 248 (1967).

[102] Guglja, V. G., Zuchovickij, A. A., Golden, A. D.: Using of a flameless combustion for determination of gases. Zavodsk. Lab. *35*, 141 (1969). – Z. Anal. Chem. *251*, 382 (1970).

[103] Karmen, A., Bowman, R. L.: A dc discharge detector for gas chromatography. Gas Chromatog. Instr. Soc. Am. Symp. June 1961. Gas Chromatog. Abstr. *1964*, 584.

[104] Fisher, E. R., Mc Carty, M.: Highly sensitive electric discharge detector for chromatographic analysis. Anal. Chem. *37*, 1208 (1965).

[105] Bechtold, E.: Asorption measurements of sulphurplatinum and sulphur-gold system by gas chromatogrphic frontal analysis. Ber. Bunsenges. Physik. Chem. *70*, 713 (1966). – Chem. Abstr. *65*, 11376 (1966).

[106] Seiyama, T., Kagawa, S.: Study on a detector for gaseous components using semiconduktive thin films. Anal. Chem. *38*, 1069 (1966).

[107] Giuffrida, L., Ives, N. F.: Microcoulometric gas chromatography: improvement in instrumentation. J. Ass. Offic. Anal. Chem. *52*, 541 (1969).

[108] Varadi, P. F.: Quantitative and qualitative ionisation detector for gas chromatography. Gas Chromatog. Instr. Soc. Am. Symp. June 1961. Gas Chromat. Abstr. *1964*, 585.

[109] Charpenet, L., Eudier, M., Eustache, H., Jacquot, A.: Coupling of a gas chromatograph with a mass spectrometer with the aid of a molecular enricher in porous nickel. Chim Anal. *52*, 1407 (1970).

[110] Kaiser, R.: Problems of coupling of gas chromatography with mass spectrometry in the level of low concentrations. Z. Anal. Chem. *252*, 119 (1970).

[111] Cram, S. P., Brownlee, J. L.: Neutron activation analysis as a quantitative elemental gas chromatographic detector. J. Gas Chromatog. *6*, 313 (1968).

[113] Sokolov, D. N., Va Kin, N. A.: Detection of high boiling vapours of inorganic substances with a flame ionisation detector. Zavodsk. Lab. *36*, 513 (1970). – Anal. Abstr. *20*, 2911 (1971).

[114] Kaiser, R.: BASF-Ludwigshafen, personal communication.

[115] Bayer, E., Wagner, G.: Gasanalyse, die chemische Analyse, Bd. 39. Stuttgart: Ferd. Enke Verl. 1960.

[116] Angely, L., Levart, E., Guichon, G., Peslerbe, G.: General method to prepare standard samples for detector calibration in gas chromatographic analysis of gases. Anal. Chem. *41*, 1446 (1969).

[117] Lewartowicz, E.: The sensibility of inert redox electrodes for the presence of oxygen. J. Electroanal. Chem. *6*, 11 (1963).

[118] Lovelock, J. E., Scott, E. R. P.: Gas- Chromatography. Washington: Butterworth 1960.

[119] Roske, R. W., Fuller, D. H.: Making detector comparison safe. ISA J. *10*, March, 73 (1963).

[120] Scaringelli, F. P., O'Keffe, A. E., Rosenberg, E., Bell, J. P.: Preparation of known concentration of gases and vapors with permeation devices calibrated gravimetrically. Anal. Chem. *42*, 871 (1970).

[121] Folmer, O. F.: A syringe dilution method of calibration for the gas chromatographic analysis of gases. Anal. Chim. Acta *56*, 447 (1971).

[122] Tölg, G.: Ultramicro elemental analysis. New York: Wiley-Interscience 1970.

[123] List, W. H.: Gas chromatography in the microgram elemental analysis. Diss. Univ. Mainz 1969.

[124] Pauschmann, H.: Gas chromatography determination of hydrogen using helium as carrier gas. Z. Anal. Chem. *203*, 16 (1964).

[125] Purcell, J. E., Ettre, L. S.: Analysis of hydrogen with thermal conductivity detectors. J. Gas Chromatog. *3*, 69 (1965).

[126] Foxboro, Co.: Carrier gas mixture for the katharometric chromatography of gas mixtures containing hydrogen. German Patent 1.223.176 (1966). — Chem. Abstr. *65*, 11349 (1966).

[127] Jones, C. N.: Gas chromatographic determination of hydrogen, oxygen, carbon monoxide, carbon dioxide, hydrogen sulphide, ammonia, water and C_1 to C_5 saturated hydrocarbons in refinery gases. Anal. Chem. *39*, 1858 (1967).

[128] Castello, G., Biagini, E., Munari, S.: The quantitative determination of hydrogen in gases by gas chromatography with helium as the carrier gas. J. Chromatog. *20*, 447 (1965).

[129] Baum, E. H.: Gas chromatographic analysis of hydrogen-helium gas mixtures. Anal. Chem. *36*, 438 (1964).

[130] Dürbeck, H. W.: Quantitative simultaneous determination of hydrogen, methane, ethane and ethylene by gas chromatography. Z. Anal. Chem. *250*, 377 (1970).

[131] Cook, E. W.: Quantitative analysis of hydrogen and helium in gas mixtures. Chromatographia *4*, 176 (1971).

[132] Simin, V. B., Markevich, A. V., Dobychin, S. L.: Determination of micro amounts of hydrogen in gases. Zh. Analit. Khim. *23*, 1506 (1968).

[133] Liebenberg, D. H., Edeskuty, F. J.: Use and calibration of a gas chromatograph for gas analysis at the project rover test facility. Advan. Cryog. Eng. *9*, 430 (1964). — Chem. Abstr. *61*, 6367 (1964).

[134] Robertson, T. D.: Separating and analysing a fluid mixture by gas chromatography. US Patent 3,285,701 (1966). — Chem. Abstr. *66*, 48037 (1967).

[135] Genty, C., Schott, R.: Quantitative analysis for isotopes of hydrogen, H_2, HD, HT, P_2, DT and T_2 by gas chromatography. Anal. Chem. *42*, 7 (1970).

[136] Akhtar, S., Smith, H. A.: Separation and analysis of various forms of hydrogen by adsorption gas chromatography. Chem. Rev. *64*, 261 (1964).

[137] Gäumann, T., Piringer, O., Weber, A.: Quantitative determination of hydrogen isotopes H_2, HD, D_2 by gas chromatography on alcaline-etched glass. Chimia *24*, 112 (1970).

[138] Haubach, W. J., Knobler, C. M., Katorski, A., White, D.: Low temperature gas chromatographic separation of the isotopic hydrogene at -246 and -218 °C. J. Phys. Chem. *71*, 1398 (1967).

[139] Yasumori, I., Ohno, S.: The sensitive gas chromatography of para- and ortho-hydrogen, hydrogen deuteride and deuterium. Bull. Chem. Soc. Japan *39*, 1302 (1966).

[140] West, L. D., Martson, A. L.: Gas chromatographic separation of hydrogen isotopes. J. Am. Chem. Soc. *86*, 4731 (1964).

[141] Gersh, M. E.: Improved separation of isotopic hydrogens by gas chromatography. Anal. Chem. *37*, 1786 (1965).

142) Tataru, E., Piringer, O.: Automatic chromatograph for the analysis of deuterium and other gaseous mixtures. Rev. Chim. *16*, 290 (1965). – Gas Chromatog. Abstr. *1965*, 1019.

143) Morris, A. J., Thackray, M.: Determination of gases in neutron irradiated beryllium oxide by gas chromatography. Anal. Chem. *41*, 467 (1967).

144) Cercy, C., Tistchenko, S., Botter, F.: The analytical separation of hydrogen and its isotopes by gas-solid elution chromatography on a capillary column. Bull. Soc. Chim. France *1962*, 2315.

145) King, J., Benson, S. W.: Theory of the low temperature chromatographic separation of the hydrogen isotopes. J. Chem. Phys. *44*, 1007 (1966).

146) Collins, C. G., Deans, H. A.: Direct chromatographic equilibrium studies in chemically reactive gas-solid systems. A. I. Ch. E. J. *14*, 25 (1968). – Gas Chromatog. Abstr. *1968*, 687.

147) Schulz, W. R., Le Roy, D. J.: Kinetics of the reaction $H + D_2 = HD + D$. Can. J. Chem. *42*, 2480 (1964). – Gas Chromatog. Abstr. *1967*, 681.

147a) Horner, L., Mayer, D., Michael, B., Hoenders, H.: The H–D-exchange between toluene and deuterium gas in the presence of Raney nickel. Ann. *679*, 1 (1964).

148) Mercea, I.: Simple analysis for some aqueous solutions labeled with deuterium. Rev. Chim. (Bucharest) *16*, 162 (1965). – Chem. Abstr. *63*, 17118 (1965).

149) Arnett, E. M., Duggleby, P. McC.: A rapid and simple method od deuterium determination. Anal. Chem. *35*, 1420 (1963).

149a) Bastick, J., Baverez, M., Castagne, M.: Analysis of mixtures of heavy and light water by reduction and gas chromatography. Bull. Soc. Chim. France *1965*, 1292.

149b) Jaeger, K.: The gas chromatographic determination of D-content (99–100 atomic percent) in heavy water. Kerntechnik *7*, 221 (1965). – Gas Chromatog. Abstr. *1966*, 1018.

150) Janak, J.: Chromatographic semimicro-analysis of gases, IV. and V. Separating and analysis of gaseous hydrocarbons. VI. The analysis of inert gases. Collection Czech. Chem. Commun. *19*, 700, 917 (1954).

151) Liebenberg, D. H.: Quantitative analysis of helium-3 by gas chromatography. Anal. Chem. *38*, 149 (1966).

152) Blanc, C., Huynh, C.-T., Espagno, L.: Enrichment of the isotopes of carbon and of neon by gas phase chromatography. J. Chromatog. *28*, 194 (1967).

153) Blanc, C., Huynh, C.-T., Espagno, L.: Enrichment of the isotopes of carbon and of neon by gas phase chromatography. J. Chromatog. *28*, 177 (1967).

154) Ghalamsiah, A.: Chromatography of atmospheric gases. Comm. Energie At. (France), Rapp. CEA *1963*, 2361. – Chem. Abstr. *61*, 10015 (1964).

155) Turkel'taub, N. M., Ryabchuk, L. M., Morozova, S. M., Zhukhovitskii, A. A.: Chromatographic determination of traces of helium, neon and hydrogen in air. J. Anal. Chem. USSR *19*, 133 (1964). – Anal. Abstr. *12*, 2525 (1965).

156) Smith, T. C.: Carbon monoxide, neon and acetylene analysis in the presence of anaesthetic gases. J. Appl. Physiol. *21*, 745 (1966). – Anal. Abstr. *14*, 4988 (1967).

157) Starshov, I. M., Voevodkin, Y. P.: The determination of helium in natural gas by the gas chromatography KhL-4. Gaz. Delo. Nauchn.-Tekhn. Sb. *1966*, 32. – Chem. Abstr. *65*, 18374 (1966).

158) Zielinski, E.: Chromatographic determination of helium, argon and nitrogen in natural gases. Chem. Anal. *8*, 399 (1963). – Chem. Abstr. *60*, 2320 (1964).

159) Baranenko, S. E., Burnykh, N. M.: Laboratory chromatograph KhLG for the determination of helium in natural and oil gases. Novosti Neft. i Gaz. Tekhn., Gaz Delo *1962*, 30. – Chem. Abstr. *60*, 2697 (1964).

160) Seitz, C. A., Churchwell, S. E.: Improved method for chromatographic determination of helium in conservation gas streams. J. Gas Chromatog. *5*, 566 (1967).

161) Dubansky, A.: Apparatus for determination of argon by gas chromatography. Czech. Patent *115*, 471 (1965). – Chem. Abstr. *65*, 41 (1966).

162) Shtof, M. D.: Calibration curves for the chromatographic determination of argon in gases. Tr. Kuibyshevsk Gos. Nauchn. – Issled Inst. Neft. Prom. No. *23*, 202 (1964). – Chem. Abstr. *63*, 14026 (1965).

163) Zhukhovitsch, A. A., Turkel'taub, N. M., Karymova, A. I., Koreshkova, R. I.: Use of the method of sorption displacement for determination helium and carbon dioxide in gas chromatography. Zavodsk. Lab. *32*, 133 (1966). – Anal. Abstr. *14*, 3022 (1967).

164) Galkin, L. A., Gurevich, S. M.: Chromatographic analysis of gas mixtures. USSR Patent 181, 375 (1966).– Chem. Abstr. *65*, 8011 (1966).

165) Derge, K.: Temperature programming as applied to gas chromatography. Fette, Seifen, Anstrichmittel *65*, 936 (1963). – Chem. Abstr. *60*, 9892 (1964).

166) Miesowicz, H.: Determination of argon in ammonia synthesis process gas by gas chromatography. Chem. Anal. *10*, 1171 (1965). – Anal. Abstr. *14*, 1268 (1967).

167) Miesowicz, H.: Gas chromatographic determination of argon, methane and nitrogen in the circulating gas of ammonia production. Chem. Anal. *12*, 903 (1967). – Anal. Abstr. *15*, 5937 (1968).

168) Purer, A.: A procedure for analysis of impurities in grade-A helium in the parts per billion range. J. Gas Chromatog. *3*, 165 (1965).

169) Mirzayanov, V. S., Okhotnikov, B. P.: Chromatographic determination of trace amounts of gases in helium of high purity. Zh. Analit. Khim *21*, 985 (1966). – Chem. Abstr. *65*, 19304 (1966).

170) Attrill, J. E., Boyd, C. M., Meyer, A. S.: Gas chromatographic determination of permanent gases in helium and reduced sample procedures. Anal. Chem. *37*, 1543 (1965).

171) Shannon, D. W.: Chromatographic analysis of helium containing trace impurities. U.S. At. Energy Comm. BNWL-12 (1964). – Chem. Abstr. *63*, 17132 (1965).

172) Purer, A., Seitz, C. A.: A chromatographic method for determination of trace impurities in grade-A helium. Anal. Chem. *36*, 1694 (1964).

173) Rhodes, L. H.: Chromatographic procedure for traces of hydrogen in pure helium. J. Gas Chromatog. *6*, 488 (1968).

174) Callahan, M. C., O'Donell, J. P.: Chromatograph and computer team up in monitoring helium pipeline. Oil Gas J. *61*, 119 (1963). – Gas Chromatog. Abstr. *1964*, 434.

175) Limocelli, E. A., Stern, J. A.: Instrumentation for determination argon and helium purity. U.S. At. Energy Comm. CNLM-4016 (1962). – Chem. Abstr. *62*, 2223 (1965).

176) Vagin, E. V., Petukhov, S. S.: Application of chromatography in the manufacture of oxygen and noble gases. Gaz. Khromatogr. Akad. Nauk SSSR, Tr. Vtoroi Vses. Konf., Moscow *1961*, 125. – Chem. Abstr. *62*, 7104 (1965).

177) Zocchi, F.: Determination of methane in helium, hydrogen and neon in the ppb-range. J. Gas Chromatog. *6*, 251 (1968).

178) Havlena, E. J., Hutchinson, K. A.: The determination of trace quantities of xenon in argon by gas chromatography. J. Gas Chromatog. *4*, 380 (1966).

179) Karlsson, B. M.: Determination of minute quantities of nitrogen in argon by gas chromatography. Anal. Chem. *35*, 1311 (1963).

180) Hanin, M., Villeneuve, D.: Determination of oxygen and nitrogen in steel by gas chromatography after reductive fusion in an inert gas. Chim. Anal. *48*, 442 (1966).

181) Larrat, P.: Gas chromatography for the analysis of high prutity gases. Chim. Anal. *51*, 639 (1969).

182) Guerin, H., Villelume de, J., Bryselbout, F., Larrat, I.: Control of the quality of pure gases by gas chromatography. Chim. Anal. *50*, 575 (1968).

183) Rein, H. T., Miville, M. E., Fainberg, A. H.: Separation of oxygen and nitrogen by packed column chromatography at room temperature. Anal. Chem. *35*, 1536 (1963).

184) Rehder, K., Forbes, J., Hessler, O., Gossmann, K.: Gas chromatographic determination of halothane, carbon dioxide and oxygen in gas mixtures. Anaethesist *15*, 162 (1966). – Anal. Abstr. *14*, 5700 (1967).

185) Strnad, Z.: Chromatographic separation of a mixture of nitrogen, oxygen, carbon dioxide and sulphur dioxide. Collection Czech. Chem. Commun. *31*, 3399 (1966). – Anal. Abstr. *14*, 6647 (1967).

186) Kochetkova, E. A., Smirnova, G. I.: Indicator for nitrogen (oxygen and moisture) in inert gases. Zavodsk. Lab. *32*, 1536 (1966). – Anal. Abstr. *15*, 1714 (1968).

187) Monkman, J. L.: Analysis of compresses air by gas chromatography. Occupational Health Rev. *16*, 17 (1964). – Chem. Abstr. *61*, 7 (1964).

188) Murray, J. N., Doe, J. B.: Gas chromatography method for traces of carbon dioxide in air. Anal. Chem. *37*, 941 (1965).

189) Adams, D. F., Koppe, R. K., Tuttle, W. N.: Analysis of kraft-mill sulphur containing gases with gas-liquid chromatographic ionisation detectors. J. Air Pollution Control Assoc. *15*, 31 (1965). – Gas Chromatog. Abstr. *1965*, 892.

190) Lysyj, I., Newton, P. R.: Determination of oxygen, nitrogen and carbon dioxide in air samples. J. Chromatog. *11*, 173 (1963).

191) Neubrech, F. W.: Chromatoseries. Separation of water, ammonia, oxygen, nitrogen, carbon monoxide and carbon dioxide. Gas-Chrom Newsletter *3*, 3 (1962). – Gas Chromatog. Abstr. *1964*, 248.

192) Avon, M., Dumas, C., Badre, R., Dutheil, J.: Analysis of permanent gases by gas chromatography. Chim Anal. *50*, 84 (1968).

193) Hachenberg, H., Gutberlet, J.: Gas chromatographic trace analysis of gases. Brennstoff-Chem. *49*, 242, 279 (1968). – Anal. Abstr. *18*, 643 (1970).

194) Farre-Rius, F., Guiochon, G.: Rapid analysis by gas chromatography. Separation of a mixture of oxygen, nitrogen, methane and carbon monoxide. J. Chromatog. *13*, 382 (1964).

195) Anvaer, B. I., Serenkova, A. G., Latukhova, A. G.: Use of gas chromatography for the separation of low boiling gases. Gaz. Khromatogr. Akad. Nauk SSSR, Tr. Vtoroi Vses. Konf. Moscow 1962. – Chem. Abstr. *62*, 6313 (1965).

196) Hoffmann, R. L., List, G. R., Evans, C. D.: Gas-solid chromatographic separation of atmospheric gases on activated aluminia. Nature *211*, 965 (1966).

197) Burford, J. R.: Single sample analysis of mixtures of nitrogen, nitrous oxide, carbon dioxide, argon and oxygen by gas chromatography. J. Chromatog. Sci. *7*, 760 (1969).

198) Davidson, E.: Rapid analysis of simple gas mixtures. Chromatographia *3*, 43 (1970).

199) Takeuchi, T., Fujishima, I., Tsuge, S.: Analysis of inorganic gases using gas chromatography with a radioactive ionisation detector. Bunseki Kagaku *13*, 449 (1964). – Gas Chromatog. Abstr. *1965*, 402.

200) Lutz, M., Massimo, D.: Preliminary study of rapid gas chromatographic analysis of the permanent air gases. Method. Phys. Anal. *6*, 384 (1970). – Anal. Abstr. *21*, 2385 (1971).

201) Becker, K.: Gas chromatographic determination of blood gases, an equilibration method with shortened retention time. Klin. Wochschr. *48*, 464 (1970). – Z. Anal. Chem. *256*, 150 (1971).

202) Suwa, Y.: Chemical analysis of volcanic gases by gas chromatography. J. Earth Sci., Nagoya Univ. *13*, 12 (1965). – Chem. Abstr. *65*, 6935 (1966).

203) Ellerker, R., Lax, F., Dee, H. J.: Gas chromatographic separation of anaerobic gases using porous polymers. Water Res. *1*, 243 (1967). – Chem. Abstr. *67*, 14746 (1967).

204) Van Huyssteen, J. J.: Gas chromatographic separation of anerobic digester gases using porous polymers. Water Res. *1*, 245 (1967). – Chem. Abstr. *67*, 14747 (1967).

205) Thomas, D. R., Thomas, J. H.: The gas phase reaktion between methyl chloride and nitrogen dioxide. Trans. Faraday Soc. *57*, 266 (1961). — Gas Chromatog. Abstr. *1966*, 282.

206) Zalinyan, V., Ust'yan, L.: Chromatographic analysis of light gases containing hydrogen cyanide. Prom. Armenii, Sov. Nar. Khoz. Arm. SSR, Tekhn-Ekon. Byull. *7*, 36 (1964). — Chem. Abstr. *61*, 13847 (1964).

207) Levit, A. M.: The influence of various factors on chromatographic separation hydrocarbon gases during use of the GSTL apparatus, Radzdelenie i Analiz. Uglevodorodnykh Gazov., Akad. Nauk SSSR Inst. Neftekhim Sinteza, Sd. Statei *1963*, 183. — Chem. Abstr. *61*, 6362 (1964).

208) Fear, D. L., Burnet, G.: Analysis of vapour phase butan nitration products by gas chromatography. J. Chromatog. *19*, 17 (1965).

209) Sojak, L.: Analysis of pyrolysis gas (from gasoline). Ropa Uhlie *4*, 136 (1962). — Chem. Abstr. *57*, 11448 (1962).

210) Belova, M. I., Landa, Y. A.: The use of chromatography for the analysis of the products of combustion of crude oil. Ogneupory *28*, 499 (1963). — Chem. Abstr. *60*, 340 (1964).

211) Giuliani, L., Russo, G.: Gas chromatographic analysis of gas formed during the oxidation and amination of light hydrocarbons. Chim. Ind. *46*, 1186 (1964). — Gas Chromatog. Abstr. *1965*, 944.

212) Yeatts, L. B., Attrill, J. E., Rainey, W. T.: Gas chromatographic analysis of biphenyl pyrolytic products. US Rpt. ORNL-TM-523 (1963). — Chem. Abstr. *65*, 16045 (1966).

213) Panson, A. G., Adams, L. M.: Complete gas chromatographic analysis of hydrogen in fixed gases and hydrocarbons using one detector and helium as a carrier gas. J. Gas Chromatog. *2*, 164 (1964).

214) Sechenov, G. P., Bunina, N. N., Al'tshuler, V. S.: A method for analysing low molecular weight gases by combination of chromatography and volumetric analysis. Tr. Inst. Goryuch. Iskop., Akad. Nauk. SSSR. *18*, 253 (1962). — Chem. Abstr. *58*, 6624 (1963).

215) Lulova, N. I., Tarasov, A. I., Kuz'mina, A. V., Fedosova, A., Leont'eva, S. A.: Gas chromatography for investigation of complex mixtures of hydrocarbons containing nonhydrocarbon components. Gaz. Khromatogr. Akad. Nauk SSSR, Tr. Vtoroi Vses. Konf., Moscow *1962*, 162. — Chem. Abstr. *62*, 3856 (1965).

216) Brinkmann, H.: Gas chromatographic determination of sulphur dioxide in presence of carbon disulphide, hydrogen sulphide, carbon dioxide and inert gas. Chem. Tech. *17*, 168 (1965). — Anal. Abstr. *13*, 3387 (1966).

217) König, H.: Separation, detection and quantitative determination of aerosol propellants with gas chromatography. Z. Anal. Chem. *232*, 247 (1967).

218) Barker, C. J., Doe, M. C., Humphrey, A. M.: Determination of oxygen and nitrogen in aerosol containers. Aerosol Age *9*, 26 (1964). — Chem. Abstr. *61*, 15343 (1964).

219) Gorbachev, V. M., Tret'yakov, G. V.: Determination of oxygen and nitrogen and hence of their solubility in methyltrichlorsilane, silicon tetrachloride and germanium tetrachloride by gas liquid chromatography. Zavodsk. Lab. *32*, 796 (1966). — Anal. Abstr. *14*, 6744 (1967).

219a) Ford, P. T.: Determination of dissolved oxygen in hydrocarbon solvents using gas liquid chromatography with electron capture detection. Anal. Chem. *41*, 393 (1969).

220) Ikels, K. G.: Determination of the solubility of nitrogen in water and extracted human fat. J. Gas Chromatog. *2*, 374 (1964).

220a) Krylov, B. K., Kalmanovski, V. I., Yashin, Y. I.: Gas chromatographic determination of dissolved gases. Zavodsk. Lab. *37*, 133 (1971). — Anal. Abstr. *21*, 4473 (1971).

Literatur

220b) Kilner, A. A., Ratcliffe, G. A.: Determination of permanent gases dissolved in water by gas chromatography. Anal. Chem. *36*, 1615 (1964).

220c) Swinnerton, J. W., Sullivan, J. P.: Shipboard determination of dissolved gases in sea water by gas chromatography. NRL Rept. No 5806 (1962). — Gas Chromatog. Abstr. *1965*, 199.

221) Gubbins, K. E., Carden, S. N., Walkeer, R. D.: Determination of gas solubilities in electrolyte solutions. J. Gas Chromatog. *3*, 98 (1965).

222) Petkovic, L. V., Kosanic, M. M., Draganic, I. G.: Determination of carbon dioxide, hydrogen and oxygen in aqueous solutions by gas chromatography. Bull. Boris Kidric Inst. Nucl. Sci. *15*, 9 (1964). — Chem. Abstr. *62*, 3403 (1965).

223) Montgomery, H. A. C., Quarmby, C.: The extraction of gases dissolved in water for analysis by gas chromatography. Lab. Pract. *15*, 538 (1966). — Gas Chromatog. Abstr. *1966*, 1191.

224) Park, K., Catalborno, M.: Gas chromatographic determination of dissolved oxygen in sea water. Deep Sea Res. Oceanog. Abstr. *11*, 917 (1964). — Chem. Abstr. *62*, 15903 (1965).

225) Ropars, J.: Gas chromatographic determination of traces of oxygen in water. Chim. Anal. *50*, 641 (1968).

226) Tolk, A., Lingerak, W. A., Kout, A., Boerger, D.: Determination of traces of hydrogen, nitrogen and oxygen in aqueous solutions by gas chromatography. Anal. Chim. Acta *45*, 137 (1969).

227) Roxburgh, J. M.: Determination of oxygen utilisation in fermentation by gas chromatography. Can. J. Microbiol. *8*, 221 (1962). — Anal. Abstr. *9*, 4824 (1962).

228) Ikels, K. G.: Gas chromatographic determination of small volumes of nitrogen dissolved in blood. J. Gas Chromatog. *3*, 359 (1965).

229) Galla, J. S., Ottenstein, D. M.: Measurement of inert gases in blood by gas chromatography. Ann. N.Y. Acad. Sci. *102*, 4 (1962). — Chem. Abstr. *60*, 3255 (1964).

230) Hamilton, L. H.: Gas chromatography for respiratory and blood gas analysis. Ann. N.Y. Acad. Sci. *102*, 15 (1962). — Chem. Abstr. *60*, 3255 (1964).

231) Yee, H. Y.: Calibration for blood gas determination by gas chromatography. Anal. Chem. *37*, 924 (1965).

232) Muysers, K., Smidt, U., Siehoff, F.: Modern gas analytical methods in the diagnosis, circulation and lung function. Z. Anal. Chem. *212*, 167 (1965).

233) Johns, T., Thompson, B.: Gas chromatographic determination of blood gases. The Analyzer *4*, 13 (1963). — Gas Chromatog. Abstr. *1964*, 254.

234) Wittenberg, J. B.: The molecular mechanism of haemoglobin-facilitated oxygen diffusion. J. Biol. Chem. *241*, 104 (1966).

235) Knox, F. G., Fleming, J. S., Rennie, D. W.: Effects of osmotic diuresis on sodium reabsorption and oxygen consumption of kidney. Am. J. Physiol. *210*, 751 (1966). — Gas Chromatog. Abstr. *1966*, 1174.

236) Frazer, J., Du Val, V., Morris, C.: The gas analytical apparatus for the project dribble. U.S. At. Energy Comm. UCRL-12169 (1965). — Chem. Abstr. *63*, 10644 (1965).

237) Swinnerton, J. W., Linnenbom, V. J., Cheek, C. A.: Determination of argon and oxygen by gas chromatography. Anal. Chem. *36*, 1669 (1964).

238) Havlena, E. J., Hutchinson, K. A.: Determination of argon, oxygen and nitrogen by gas chromatography. J. Gas Chromatog. *6*, 419 (1968).

239) Abel, K.: Determination of argon in the presence of oxygen and other atmospheric gases by adsorption chromatography. Anal. Chem. *36*, 953 (1964).

240) Wilson, G. M., Fennema, P. J., Sterner, C. J.: Nitrogen, oxygen and argon composition analysis. New Chromatography methods. Advan. Cryog. Eng. *9*, 423 (1964). — Chem. Abstr. *61*, 6367 (1964).

241) Heylmun, G. W.: Improved analysis of argon-oxygen-nitrogen mixtures by gas chromatography. J. Gas Chromatog. *3*, 82 (1965).

242) Obermiller, E. L., Freedman, R. W.: Single stage determination of argon, oxygen and nitrogen in air. J. Gas Chromatog. *3*, 242 (1965).

243) Gunter, B. D., Musgrave, B. C.: Argon-oxygen-nitrogen spearation. J. Gas Chromatog. *4*, 162 (1966).

244) Walker, J. A. J.: Chromatographic separation of argon and oxygen using molecular sieves. Nature *209*, 197 (1966).

245) Karlsson, B. M.: Heat treatment of molecular sieves for direct separation of argon and oxygen at room temperature by gas chromatography. Anal. Chem. *38*, 668 (1966).

246) Aubeau, R., Leroy, J., Champeix, L.: Influence of the degree of hydration of the absorbent on the chromatographic analysis of permanent gases. J. Chromatog. *19*, 249 (1965).

247) Zielinski, E.: Determination of argon in the presence of oxygen by gas chromatography. Chem. Anal. *11*, 67 (1966). – Anal. Abstr. *14*, 2426 (1967).

248) Berezkin, A. V., Gorshunov, O. L.: Determination of trace impurities in inorganic gases by chemical concentration and gas chromatography. Zh. Analyt. Khim *21*, 1487 (1966). – Gas Chromatog. Abstr. *1969*, 637.

248a) Di Lorenzo, A.: Trace analysis of oxygen, carbon monoxide, methane, carbon dioxide, ethylen and ethane in nitrogen mixtures using column selector. J. Chromatog. Sci. *8*, 224 (1970).

249) Cartoni, G. P., Possanzini, M.: The separation of nitrogen isotopes by gas chromatography. J. Chromatog. *39*, 99 (1969).

250) Bruner, F., Cartoni, G. P., Liberti, A.: Gas chromatography of isotopic molecules on open tubular columns. Anal. Chem. *38*, 298 (1966).

251) Bocola, W., Bruner, F., Cartoni, G. P.: Separation of oxygen isotopes by gas chromatography. Nature *209*, 200 (1966).

253) Obermiller, E. L., Charlier, G. O.: Gas chromatographic separation of nitrogen, oxygen, sulphide and sulphur dioxide. J. Gas Chromatog. *6*, 446 (1968).

254) Robbins, L. A., Bethea, R. M., Wheelock, T. M.: Single detector and fore column trap for series gas chromatography analysis. J. Chromatog. *13*, 361 (1964).

255) Dubois, L., Zdrojewski, A., Monkman, J. L.: Analysis for carbon monoxide in urban air at the ppm-level, and the normal carbon monoxide level. J. Air Pollution Control Assoc. *16*, 135 (1966). – Gas Chromatog. Abstr. *1969*, 90.

257) Stepanenko, V. E., Kuratova, T. S., Karablina, A. M., Krichmar, S. I.: Chromatographic determination of carbon dioxide in permanent gases. Khim. Prom. Ukr. Nauch-Proizv. Sb. *4*, 54 (1966). – Gas Chromatog. Abstr. *1969*, 702.

258) Olah, K., Bodnar, J., Borocz, S., Gaspar, G.: Determination of micro amounts of carbon monoxide, carbon dioxide and organic vapours in 0,1 ml gas samples by flame ionisation detection. Magy. Kem. Folyoirat *72*, 213 (1966). – Chem. Abstr. *65*, 8004 (1966).

259) Morrison, M. E., Corcoran, W. H.: Optimum conditions and variability in use of pulsed voltage in gas chromatographic determination of parts-per-million quantities of nitrogen dioxide. Anal. Chem. *39*, 255 (1967).

260) Morrison, M. E., Rinker, R. G., Corcoran, W. H.: Quantitative determination of parts-per-million quantities of nitrogen dioxide in nitrogen and oxygen by electron capture detection in gas chromafography. Anal. Chem. *36*, 2256 (1964).

261) Lawson, A., Mc.Adie, H. G.: Gas chromatographic determination of nitrogen oxides in air. J. Chromatog. Sci. *8*, 731 (1970).

262) Bock, R., Schütz, K.: Gas- chromatographic determination of traces of nitrous oxide in air. Z. Anal. Chem. *237*, 321 (1968).

Literatur

263) La Hue, M. D., Axelrod, H. D., Lodge, J. P.: Measurement of atmospheric nitrous oxide using a molecular sieve 5 Å trap and gas chromatography. Anal. Chem. *43*, 1113 (1971).

264) Cleemput, O. van: Gas chromatography of gases emanating from the soil atmosphere. J. Chromatog. *45*, 315 (1969).

265) Ayer, R. J., Yonebayashi, T.: Catalytic reduction of nitrogen dioxide by carbon monoxide. Atmos. Environ. *1*, 307 (1967). – Gas Chromatog. Abstr. *1968*, 797.

266) Tunstall, F. I. H.: The determination of gases from propellant composition by gas chromatography. Chromatographia *3*, 411 (1970).

267) Bethea, R. M., Meador, M. C.: Gas chromatographic analysis of reactive gases in air. J. Chromatog. Sci. *7*, 655 (1969).

268) Stevens, R. K., Mulik, J. D., Keefe, A. E. O., Krost, K. J.: Gas chromatography of reactive sulfur gases in air at the parts-per-billion level. Anal. Chem. *43*, 827 (1971).

269) Vol'fson, V. Y., Sudak, A. F.: Gas chromatographic determination of traces of carbon dioxide and sulphur dioxide in air. Zavodsk. Lab. *36*, 1044 (1970). – Anal. Abstr. *21*, 659 (1971).

270) Dumsa, T.: Determination of phosphane in air by gas chromatography. J. Agr. Food Chem. *17*, 1164 (1969). – Z. Anal. Chem. *255*, 64 (1971).

271) Fish, A., Franklin, N. A., Pollard, R. T.: Analysis of toxic gaseous combustion products. J. Appl. Chem. (London) *13*, 506 (1963). – Gas Chromatog. Abstr. *1964*, 860.

272) Anastassakis, C. E.: Analysis of diesel gases using gas chromatography under various operating conditions of the engine. Chromatography and methods of immediate separation. Union of the Greek Chemists, Athen 1966. Gas Chromatog. Abstr. *1967*, 885.

273) Aranda, V. G., Flaquer, J. O.: Gas chromatography, construction of an apparatus for the analysis of combustible gases by the Janak method at room temperature. Quim. Ind. *13*, 33 (1966). – Chem. Abstr. *65*, 16735 (1966).

274) Blackmore, G., Hillman, G. E.: Comprehensive fuel gas analysis by gas chromatography. Analyst *90*, 703 (1965).

275) Derge, K.: Furnace-atmosphere analysis by means of gas chromatography. Giessereipraxis *1965*, 433. – Chem. Abstr. *64*, 13362 (1966).

276) Solbrig, P., Saffert, W., Schubert, H.: Fuel gas analysis by gas chromatography. Chem. Tech. *16*, 745 (1964). – Anal. Abstr. *13*, 1653 (1966).

277) Gokhberg, Z. L.: Chromatographic gas analyser for constant control of combustion conditions. Elektr. St. *37*, 17 (1966). – Chem. Abstr. *66*, 57061 (1967).

278) Kolbin, M. A., Mamaeva, K. N., Ul'yanov, A. N.: Hydrogen determination in the circulating gas of a hydroformer. Khim. i. Tekhnol. Topliva i. Masel *9*, 15 (1964). – Chem. Abstr. *62*, 2644 (1965).

279) Torochenishnikov, N. S., Semenova, V. A., Gerasimova, G. A.: Selection of conditions for chromatogaphic analysis of gas mixture containing carbon dioxide, hydrocarbons, oxygen, hydrogen, nitrogen, carbon monoxide, methane and ethane. Zh. Prikl. Khim. Leningrad *38*, 2017 (1965). – Anal. Abstr. *14*, 25 (1967).

280) Shevtsov, V. E., Zhukhovitskh, A. A.: Chromatographic analysis of blast furnace gas. Sb. Mosk. Inst. Stali i Splavov *71*, 90 (1966). – Chem. Abstr. *65*, 6283 (1966).

281) Vovyanko, I. I.: Adaption of the KhT-2M chromatograph to the simultaneous determination of combustible and incombustible gases. Gaz. Khromatogr., Akad. Nauk SSSR, Tr. Vtoroi Vses. Konf. Moscow *1963*, 474. – Chem. Abstr. *62*, 5864 (1965).

282) Likhachev, A. D.: The chromatographic determination of carbon monoxide and oxygen in the products of combustion of fuel. Zavodsk. Lab. *29*, 1302 (1963). – Anal. Abstr. *12*, 383 (1965).

283) Terry, J. O., Futrell, J. H.: A three column, two detector gas chromatographic method for simultaneous analysis of a mixture of fixed gases and hydrocarbons. Anal. Chem. *37*, 1165 (1965).

284) Shutov, A. A., Kirillov, I. P.: Gas chromatographic analysis of mixtures of hydrogen, carbon monoxide and methane. Izv. Vysshikh Uchebn. Zavedenii, Khim i Khim. Tekhnol. *7*, 688 (1964). − Chem. Abstr. *62*, 4589 (1965).

285) Lueth, E.: Determination of the properties and composition of gases with gas chromatography apparatus. Arch. Eisenhuettenw. *35*, 1151 (1964). − Chem. Abstr. *62*, 8362 (1965),

286) Shevtsov, V. E., Zhukhovitskh, A. A.: Analysis of blast furnace gas by gas chromatography without a carrier gas. Zavodsk. Lab. *31*, 1318 (1965). − Anal. Abstr. *14*, 1267 (1967).

287) Likhachev, A. D., Kirsanov, V. I.: Chromatography of the products of incomplete fuel combustion. Novosti Neft. i Gaz Tekhn. Gaz Delo *1962*, 55. − Chem. Abstr. *58*, 13669 (1963).

288) Kavan, I., Vlckova, Z.: Use of chromatography in fuel gas production. Prace Ustavu Vyzkum Paliv *3*, 203 (1963). − Chem. Abstr. *60*, 1500 (1964).

289) Benes, M., Melechova, M., Malecha, J., Myslivecek, J.: Gas chromatographic separation of carbon monoxide, carbon dioxide, hydrogen, methane, nitrogen and oxygen. Chem. Listy *63*, 703 (1969). − Z. Anal. Chem. *251*, 263 (1970).

290) Bailey, J. B. W., Brown, N. E., Phillips, C. V.: A method for the determination of carbon monoxide, carbon dioxide, sulphur dioxide, carbonyl sulphide, oxygen and nitrogen in furnace gas atmospheres by gas chromatography. Analyst *96*, 447 (1971).

291) Cross, R. A.: Analysis of the major constituents of fuel gases by gas chromatography. Nature *211*, 409 (1966).

292) Archer, J. S.: On-line analysis of wet combustion gases by gas chromatography. J. Inst. Fuel *43*, 56 (1970). − Anal. Abstr. *20*, 1509 (1971).

293) Trowell, J. M.: Gas chromatographic separation of oxides of nitrogen. Anal. Chem. *37*, 1152 (1965).

294) Ryabov, V. P.: Determination of hydrogen in a mixture of nitrogen oxides by thermal conductivity. Z. Anal. Khim. *19*, 1094 (1964). − Anal. Abstr. *13*, 460 (1966).

295) Dietz, R. N.: Gas chromatographic determination of nitric oxide and other gases on treated molecular sieve. Anal. Chem. *40*, 1576 (1968).

296) Araki, S., Kato, T.: Analysis of air pollutants by gas chromatography. Bunseki Kagaku *11*, 533 (1962). − Chem. Abstr. *61*, 6 (1964).

297) Swann, K., Walker, J. A. J.: Automatic gas chromatographic analysis for hydrogen, oxygen, nitrogen, methane and carbon monoxide in carbon dioxide. Rep. U. K. Atom-Energy Auth. TRG 1867 (C) (1969). − Anal. Abstr. *19*, 2153 (1970).

298) Mikhailenko, V. I.: Improved optical acoustic gas analyser for determination of carbon dioxide in carbonation gas. Sakharn. Prom. *1963*, 20. − Anal. Abstr. *13*, 1507 (1966).

299) Birk, J. R., Larsen, C. M., Wilbourn, R. G.: Gas chromatographic determination of sulfide, sulfite and carbonate in solidified salts. Anal. Chem. *42*, 273 (1970).

299a) Nersesyants, A. B., Zakharov, E. L., Bystrova, Z. A.: Gas chromatographic determination of aluminium and aluminium carbide (in aluminium carbide alloys). Zavodsk. Lab. *36*, 1043 (1970). − Anal. Abstr. *21*, 90 (1971).

300) Langenbeck, W., Dreyer, H.: Gas chromatographic investigations of the decomposition of salt mixtures, (Ni- Mg-formates, oxalats and carbonates). Z. Anorg. Allgem. Chem. *329*, 179 (1964).

301) LoChang, T.-C.: Gas chromatographic methods for mixtures of inorganic gases and C_1−C_2 hydrocarbons. J. Chromatog. *37*, 14 (1968).

Literatur

302) Lu, P.-C., Wang, T.-C., Wang, S.-H., Wang, H.-Y.: Determination of trace amounts of gaseous impurities in Butadiene. Hua Hsueh Hsueh Pao *32*, 26 (1966). – Chem. Abstr. *65*, 6283 (1966).

303) Mirzayanov, V. S., Berezkin, V. G.: Determination of traces of oxygen and carbon monoxide in propylene. Neftekhimiya *4*, 641 (1964). – Chem. Abstr. *62*, 29 (1965).

304) Zlatkis, A., Kaufman, H. R., Durbin, D. E.: Carbon molecular sieve columns for trace analysis in gas chromatography. J. Chromatog. Sci. *8*, 416 (1970).

305) Beskova, G. S., Kontorovich, L. M., Russo, O. P., Bobrova, A. R., Timokhina, Z. P.: Determination of nitrous oxide in gases. Gaz Khromatogr., Moscow, Sb. *1964*, 65. – Chem. Abstr. *64*, 16628 (1966).

306) Anonym: Determination of nitric oxide, nitrogen dioxide and nitrous oxide. Chem. Eng. News *43*, 55 (1965). – Gas Chromatogr. Abstr. *1966*, 459.

307) Melia, T. P.: Decomposition of nitric oxide at elevated pressures. J. Inorg. Nucl. Chem. *27*, 95 (1965). – Gas Chromatog. Abstr. *1965*, 887.

308) Sokol'ski, D. V., Mekeev, E. E., Alekseeva, G. K.: Gas chromatographic determination of oxides of nitrogen. Vest. Akad. Nauk Kaz. SSR *1969*, 62. – Anal. Abstr. *20*, 959 (1971).

309) DeGrazio, R. P.: The resolution of mixtures of carbon dioxide and nitrous oxide by gas solid chromatography. J. Gas Chromatog. *3*, 204 (1965).

311) Elyutin, V. P., Pavlov, Y. A., Polyakov, V. P.: The chromatographic control method of gaseous products of chemical reactions. Izv. Vysshikh. Uchebn. Zavedenii, Chernaya Met. *9*, 191 (1966). – Chem. Abstr. *64*, 18983 (1966).

312) Staszewski, R., Pompowski, T., Janak, J.: Analysis of a mixture of carbon dioxide, hydrogen sulphide, carbonyl sulphide, carbon disulphide and sulphur dioxide by gas-liquid chromatography. Chem. Anal. *8*, 897 (1963). – Chem. Abstr. *60*, 15141 (1964).

313) Berezkhina, L. G., Mel'nikova, S. V., Elefterova, N. A.: Gas chromatogrpahy of sulphur containing gas mixtures. Khim. Prom. *42*, 619 (1966). – Chem. Abstr. *65*, 16044 (1966).

314) Hodges, C. T., Matson, R. F.: Gas chromatographic separation of carbon dioxide, carbonyl sulphide, hydrogen sulphide, carbon disulphide and sulphur dioxide. Anal. Chem. *37*, 1065 (1965).

315) Thornsberra, W. L.: Isothermal gas chromatographic separation of carbon dioxide, carbon sulfide, hydrogen sulfide, carbon disulfide and sulfur dioxide. Anal. Chem. *43*, 315 (1969).

316) Bennett, D.: Analysis of gas mixtures by gas chromatography. J. Chromatog. *26*, 482 (1967).

317) Marvillet, L., Tranchant, M.: Analysis of permanent gases using a gas liquid precolumn having an adsorbent support. Method. Phys. Anal. *1965*, 37. – Chem. Abstr. *64*, 18377 (1966).

319) Gaunt, H., Shanks, C.: Determination of carbon dioxide in boiler feedwater. Chem. Ind. *1964*, 651. – Gas Chromatog. Abstr. *1964*, 1282.

320) Walker, J. J., France, E. D.: The determination of dissolved gases in water by continuous stripping and gas chromatography. Analyst *94*, 364 (1969).

321) Pleschka, K., Usinger, W., Albers, C.: Determination of nitrous oxide in blood and cerebrospinal fluid by gas chromatography. Anaethesist *15*, 166 (1966). – Anal. Abstr. *14*, 5588 (1967).

322) Jeffery, P.-G., Kipping, P. J.: The determination of carbon dioxide and nitrous oxide in solutions of monoethanolamine. Analyst *87*, 594 (1962).

322a) Turovtseva, Z. M., Kunin, L. L.: Analysis of gases in metals. New York: Consultants Bureau 1961.

322b) Fischer W., Förster, W., Zimmermann: Gasbestimmung in Eisen und Stahl. Leipzig: VEB Deutscher Verlag für Grundstoffindustrie 1968.

322c) Gnauck, G., Berg, H. J.: Gas-Chromatographie in der Metallurgie. Leipzig: VEV Deutscher Verlag für Grundstoffindustrie 1970.

323) Amati, G., Maneschi, S., Vantini, N.: Determination of hydrogen in steel by hot extraction in a carrier gas followed by gas chromatography. Chim. Ind. (Milan) 52, 541 (1970). – Anal. Abstr. 20, 3812 (1971).

324) Kashima, J., Yamazaki, T.: Inert-gas extraction-gas-chromatographic determination of hydrogen in ferrous metals. Bull. Chem. Soc. Japan 41, 2382 (1968).

325) Mosen, A. W., Kelley, R. E., Mitchell, H. P.: High temperature inert gas fusion apparatus. Talanta 13, 371 (1966).

326) Kashima, J., Yamazaki, T.: Trace analysis for oxygen in metals by the inert gas fusion method with silicon carbide-graphite crucible. Bunseki Kagaku 15, 9 (1966). – Gas chromatog. Abstr. 1969, 701.

327) Arimoto, H., Hattori, S.: Gas chromatographic determination of oxygen in iron and steel. Japan Analyst 19, 313 (1970). – Z. Anal. Chem. 251, 403 (1970).

328) Hanin, M., Villeneuve, D.: Determination of oxygen and nitrogen in steels by gas chromatography after reduction melting under a neutral gas. Chim. Anal. 47, 634 (1965).

329) Evans, F. M.: A new technique for the determination of oxygen and nitrogen in steel. Dissertation Abstr. 23, 3099 (1963).

330) Evens, F. M., Fassel, V. A.: Simultaneous determination of oxygen and nitrogen in steels by a D. C. carbon-arc gas chromatographic technique. Anal. Chem. 35, 1444 (1963).

331) Goldbeck, C. G., Turel, S. P., Rodden, C. J.: Determination of oxygen and nitrogen after melting in an inert gas atmosphere with impulse heating. Anal. Chem. 40, 1393 (1968).

332) Hanin, M.: Determination of nitrogen in steel after reduction melting under argon and gas chromatography. Chim. Anal. 53, 296 (1971).

333) Antoniucci, P., Durand, J. C., Rondot, B.: Gas chromatographic determination of oxygen and nitrogen in high purity metals. Bull. Soc. Chim. France 1970, 1209.

334) Winge, R. K., Fassel, V. A.: Further studies on the DC carbon arc, gas-chromatographic technique for the determination of gases in metal. Anal. Chem. 41, 1606 (1969).

335) Bryan, F. R., Bonfiglio, S.: Determination of nitrogen and oxygen in steels using inert gas fusion chromatography. J. Gas Chromatog. 2, 97 (1964).

336) Winge, R. K., Fassel, V. A.: Simultaneous determination of oxygen and nitrogen in refractory metal by the direct current carbon-arc, gas chromatographic technique. Anal. Chem. 37, 67 (1965).

337) Lilburne, M. T.: A high speed micro vacuum-Fusion apparatus. Talanta 14, 1029 (1967).

338) Hargrove, G. L., Shepard, R. C., Farrar, V. H.: Determination of nitrogen and hydrogen at parts-per-million levels in milligram steel samples. Anal. Chem. 43, 439 (1971).

339) Escoffier, P.: Determination of oxygen, nitrogen and hydrogen in metals, equipment and preliminary tests. Rech. Aerospatiale 106, 25 (1965). – Anal. Abstr. 13, 4018 (1966).

340) Falecki, Z., Zielinski, E.: Determination of hydrogen in castings by chromatographic analysis of the gases extracted under high vacuum. Przeglad Odlewnictwa 15, 252 (1965). – Chem. Abstr. 65, 4650 (1966).

341) Hein, W., Loehberg, K.: Application of the gas chromatographic method of Janak to the analysis of gas in cast iron and steel after high-vacuum heat extraction. Giesserei, Techn.-Wiss. Beih. Giessereiw. Metallk. 13, 221 (1961). – Chem. Abstr. 62, 11 (1965).

342) Kashima, J., Yamazaki, T.: Determination of hydrogen in cast iron by the gas chromatography method. Rept. Castings Res. Lab., Waseda Univ. *1961*, 21. − Chem. Abstr. *60*, 9900 (1964).

343) Colombo, A., Rodari, E.: Vacuum-fusion determination of oxygen in aluminium and aluminium-aluminium oxide composites. Anal. Chim. Acta *42*, 133 (1968).

344) Pfundt, H.: Determination of hydrogen in aluminium and aluminium alloys by vacuum fusion at 450° to 600 °C. Aluminium *43*, 363 (1967). − Anal. Abstr. *15*, 5888 (1968).

345) Sannier, J., Leroy, J.: The determination of hydrogen in beryllium. Comm. Energie At. (France) Rappt. CEA–R–*2957*, 8 (1966). Chem. Abstr. *65*, 4650 (1966).

346) Hibbits, J. O.: Gas chromatographic determination of helium in neutron irradiated beryllium oxide. Talanta *13*, 151 (1966).

347) Brhacek, L., Kalandra, C.: Determination of hydrogen, oxygen and nitrogen in zirconium and its alloys. Chem. Prumysl *18*, 417 (1968).

348) Wood, D. F., Wolfenden, G.: Determination of oxygen and hydrogen in tungsten and other metals by a vacuum-fusion gas-chromatographic method. Anal. Chim. Acta *38*, 385 (1967).

349) Friedrich, K.: Sonderverfahren zur Gas-, Kohlenstoff- und Schwefelbestimmung. In: Spurenanalyse in hochschmelzenden Metallen (Hrsg. H. J. Ecksten). Leipzig: VEB Deutscher Verlag für Grundstoffindustrie 1970.

350) Friedrich, K., Lassner, E., Paesold, E.: Determination of oxygen and nitrogen in niobium and tantalum. J. Less-Common Metals *22*, 429 (1970).

351) Lilburne, M. T.: Gas chromatographic analysis of gases extracted from metals by vacuum fusion. Analyst *91*, 571 (1966).

352) Kashima, J., Yamazaki, T.: Determination of nitrogen in cast iron by gas chromatography. Rept. Castings Res. Lab., Waseda Univ. *14*, 33 (1963). − Chem. Abstr. *61*, 7692 (1964).

353) Hynek, R. J., Nelen, J. A.: Gas chromatographic determination of nitrogen in refractory materials. Anal. Chem. *35*, 1655 (1963).

354) Kashima, J., Yamazaki, T.: Gas chromatographic determination of nitrogen in metals after inert gas fusion with the aid of silicium. Bull. Chem. Soc. Japan *42*, 542 (1969).

355) Meyer, R. A., Parry, E. P., Davis, J. H.: Determination of nitrogen in transition-metal nitrides by tube furnace oxidation and gas chromatography. Anal. Chem. *39*, 1321 (1967).

356) Zielinski, E.: Gas chromatography as applied to determination of gases in metals. Przeglad Odlewnictwa *13*, 219 (1963). − Chem. Abstr. *60*, 2321 (1964).

357) Piringer, O., Tataru, E.: Application of gas chromatography in studies on the chemisorption of hydrogen on metal surfaces. J. Gas Chromatog. *2*, 323 (1964).

358) Guldner, W. G.: Determination of oxygen, hydrogen, nitrogen, argon and carbon in thin films by flash discharge lamp. Anal. Chem. *35*, 1744 (1963).

359) Decroly, C., Winand, R., Vandermousen, R.: Analysis of gases in a mixture of iron ores and coke in the course of sintering. Metallurgie *5*, 333 (1965). − Chem. Abstr. *65*, 1384 (1966).

359a) Koch, W., Lemm, H.: Direct determination of oxygen in oxide materials. Arch. Eisenhüttenw. *39*, 823 (1968). − Anal. Abstr. *18*, 893 (1970).

360) Filipescou, M., Monisor, E., Salgean, A., Vintent, I.: Application of gas chromatography in the determination of the absolute ages of rocks by potassium-argon method. Abhandl. Deut. Akad. Wiss. Berlin, Kl. Chem., Geol. Biol. *1966*, 275. − Chem. Abstr. *67*, 66653 (1967).

361) Mairlot, H., Gilard, P.: Setting up a gas chromatograph for the analysis of bubbles in glass. Glass Technol. *8*, 122 (1967). − Chem. Abstr. *68*, 5808 (1968).

362) Jeffery, P. G., Kipping, P. J.: The determination of constituents of rocks and minerals by gas chromatography. II. The determination of some gaseous constituents. Analyst *88*, 266 (1963).

363) Dubansky, A.: Use of gas chromatography in geology and ore dressing. Rudy *13*, 160 (1965). – Anal. Abstr. *13*, 5981 (1966).

364) Clarke, A. R., Cable, M.: A gas chromatograph for analysing single bubbles in glass. Glass Technol. *8*, 82 (1967). – Chem. Abstr. *67*, 93578 (1967).

365) Heyndryckz, P., Bonnan, D.: Use of gas chromatography in the analysis of bubbles in glass. Verres Refractaires *21*, 196 (1967). – Gas Chromatog. Abstr. *1968*, 758.

366) Helzel, M.: Gas chromatographic analysis of gaseous inclusions in glass. Am. Ceram. Soc. Bull. *1969*, 287. – Chim. Anal. *52*, 549 (1970).

367) Yamazaki, T.: Determination of residual carbon in pure iron by gas chromatography. Bunseki Kagaku *13*, 1275 (1964). – Chem. Abstr. *62*, 8376 (1965).

368) Kashima, J., Yamazaki, T.: Determination of carbon in iron and steel by gas chromatography. Bunseki Kagaku *13*, 776 (1964). – Gas Chromatog. Abstr. *1965*, 399.

369) Galwey, A. K.: Use of the argon gas chromatograph in the determination of carbon in steel. Talanta *10*, 310 (1962).

370) Stuckey, W. K., Walker, J. M.: A combustion gas chromatographic method for the simultaneous determination of carbon and sulphur in ferrous metals. Anal. Chem. *35*, 2015 (1963).

371) Walker, J. M., Kuo, C. W.: Carbon determination in ferrous metals by gas chromatography. Anal. Chem. *35*, 2017 (1963).

372) Strizhkov, B. V., Novikova, G. A., Nepryakhina, A.: Gas-chromatographic determination of carbon in chromium metal films obtained by thermal decomposition of organometallic compounds by vacuum deposition. Zavodsk. Lab. *36*, 667 (1970).– Anal. Abstr. *20*, 3019 (1971).

373) Mungall, T. G., Mitchen, J. H., Johnson, D. E.: Gas chromatographic determination of microgram amounts of carbon in sodium metal. Anal. Chem. *36*, 70 (1964).

374) Miles, C. C.: An oxyacidic flux method for determination of carbon in sodium. Anal. Chem. *41*, 1041 (1969).

375) Sukhorukov, O. A., Ivanova, N. T.: Use of a flame ionisation detector for determining carbon in metals. Zavodsk. Lab. *31*, 1070 (1965). – Anal. Abstr. *14*, 156 (1967).

376) Durand, J. C., Chaudron, T., Montuelle, J.: The use of gas chromatography to determine traces of carbon in high purity metals. Bull. Soc. Chim. France *1965*, 3109.

377) Walker, J. M., Spigarelli, J., Bender, G.: Carbon determination in hyper pure elemental boron utilisation gas chromatography. Anal. Chem. *37*, 299 (1965).

378) Berezkina, L. G., Elefterova, N. A.: Gas chromatographic determination of carbon in phosphorous. Zh. Analit. Khim. *24*, 169 (1969).

379) Turina, S.: Gas chromatography for the determination of sulphur. Bull. Sci., Conseil Acad. RPF Yougoslavie *8*, 86 (1963). – Chem. Abstr. *61*, 15346 (1964).

380) Kashima, J., Yamazaki, T.: The combustion gas chromatographic determination of minute quantities of sulphur in metals. Bull. Chem. Soc. Japan *39*, 681 (1966).

381) Handy, P. R., MacDonald, A.: New instrumental combustion method for the microdetermination of phosphorous. J. Assoc. Off. Anal. Chemists *53*, 780 (1970).

383) Hollis, O. L., Hayes, W. V.: Water analysis by gas chromatography using porous polymer columns. J. Gas Chromatog. *4*, 235 (1966).

384) Kaiser, R.: Water determination down to 10^{-9} weight percent. Chromatographia *2*, 453 (1969).

385) Neumann, G. M.: Gas chromatographic determination of water. Z. Anal. Chem. *244*, 302 (1969).

386) Hogan, J. M., Engel, R. A., Stevenson, H. F.: A versatile internal standard technique for the gas chromatographic determination of water in liquids. Anal. Chem. *42*, 249 (1970).

387) Obermiller, E. L., Charlier, G. O.: Gas chromatographic separation of hydrogen chloride, hydrogen sulphide and water. Anal. Chem. *39*, 396 (1967).

388) Guerrant, G. O.: Gas chromatographic determination of traces of water in anhydrous ammonia. Anal. Chem. *39*, 143 (1967).

389) Stoll, P., Rembold, H., Weiss, M.: Gas chromatography as an aid to research on dielectrics, especially for the determination of water in oils. Schweiz. Arch. Angew. Wiss. Tech. *29*, 225 (1963). – Chem. Abstr. *60*, 339 (1964).

389a) Goldup, A., Westaway, M. T.: Determination of trace quantities of water in hydrocarbons. Anal. Chem. *38*, 1657 (1966).

390) Sassaman, W. A., Merritt, C.: Determination of water from ultramicro solid samples. Microchem. J. *16*, 188 (1971).

391) Muraca, R. F., Willis, E., Martin, C. H., Chrutchfield, C. A.: Determination of water in nitrogen tetroxide: Gas chromatographic method for total hydrogen content. Anal. Chem. *41*, 295 (1969).

392) Sidorov, R. I., Khvostikova, A. A.: Determination of the water content of some technical products (by liquid chromatography on non-porous teflon). Zh. prikl. Khim. *39*, 942 (1966). – Anal. Abstr. *14*, 4763 (1967).

393) Okubo, N., Mashimo, S., Watanabe, T., Jono, W.: Gas chromatographic determination of water by a tetrahydroxyethylenediamine column. Bunseki Kagaku *15*, 949 (1966). – Gas Chromatog. Abstr. *1967*, 456.

394) Balandina, V. A., Kleshcheva, M. S.: Gas chromatographic analysis of aqueous solutions. Zh. Analit. Khim. *21*, 855 (1966).

395) Ahuja, S., Chase, G. D., Nikelly, J. G.: Negative peaks in gas chromatography. Application to the determination of water. Anal. Chem. *37*, 840 (1965).

396) Beresnev, A. N., Forov, V. B., Mirzayanov, V. S., Matsneva, N. V.: Determination of traces of water. Zh. Analit. Khim. *24*, 280 (1969).

397) Aubeau, R., Champeix, L., Reiss, J.: Determination of small amounts of water vapour in gas by gas chromatography. J. Chromatog. *16*, 7 (1964).

398) Davidson, V. M.: Gas chromatograph moisture analyser. U.S. Patent 3.263.493 (1966). – Chem. Abstr. *65*, 14434 (1966).

399) Greiner, N. R.: Gas chromatographic analysis of hydrogen peroxide solutions. J. Chromatog. *31*, 523 (1967).

400) Ruthven, D. M., Kenney, C. N.: Simple chromatograph for the analysis of air, chlorine and hydrogen chloride. Analyst *91*, 603 (1966).

401) Bukina, V. K., Prokop'eva, M. F.: Determination of nitrosyl chloride, chlorine and hydrogen chloride by gas adsorption chromatography. Nekotorye Vopr. Khim. Tekhnol i Fiz.-Khim. Analiza Neorgan. Sistem, Akad. Nauk. Uz. SSR. Otd. Khim. Nauk *1963*, 64. – Chem. Abstr. *61*, 42 (1964).

402) Hamlin, A. G., Iveson, G., Phillips, T. R.: Analysis of volatile inorganic fluorides by gas-liquid chromatography. Anal. Chem. *35*, 2037 (1963).

403) Di Corcia, A., Ciccioli, P., Brunder, F.: Gas chroamtography of some reactive gases on graphitizes carbon black. J. Chromatog. *62*, 128 (1971).

404) Rüssel, H. A.: Gas chromatographic determination of halogenid ions. Angew. Chem. *82*, 392 (1970).

405) Katoh, T.: Gas chromatographic analysis of hydrogen sulphide in air and waste gas. Bunseki Kagaku *15*, 909 (1966). – Gas Chromatog. Abstr. *1967*, 452.

406) Petrova, M. P., Dolgina, A. I.: Analysis of methylamine and ammonia mixtures by a method of gas-liquid chromatography. Zh. Analit. Khim. *19*, 239 (1964). – Chem. Abstr. *60*, 15148 (1964).

[407] Jones, R. M.: Gas chromatographic separation of hydrazine, monomethylhydrazine and water. Anal. Chem. *38*, 338 (1966).

[408] Davies, P. J., Hamlin, A. G.: Sorption analyser for the determination of trace components in gas streams. U. K. At. Energy Authority PG Rept. *700* (CA) 6 (1966). — Chem. Abstr. *65*, 11325 (1966).

[409] Geyer, R., Beyer, D.: Separation and determination of ammonia and methylamine in dilute aqueous solution with use of a molecular sieve. Z. Chem. *6*, 272 (1966). — Anal. Abstr. *14*, 6763 (1967).

[410] Jenkins, R. W., Cheek, C. H., Linnenbom, V. J.: Determination of dissolved ammonia by gas chromatography. Anal. Chem. *38*, 1257 (1966).

[411] Zorin, A. D., Devyatykh, G. G., Dudorov, V. Y., Amel'chenko, A. M.: Gas chromatographic analysis of mixtures of volatile inorganic hydrides. Zh. Neorgan. Khim. *9*, 2526 (1964). — Chem. Abstr. *62*, 3403 (1965).

[412] Devyatykh, G. G., Zorin, A. D., Amel'chenko, A. M., Lyakhmanov, S. B., Ezheleva, A. E.: Chromatographic analysis of mixtures of volatile inorganic hydrides. Dokl. Akad. Nauk. SSSR. *156*, 1105 (1964). — Anal. Abstr. *12*, 5009 (1966).

[414] Steindorf, W., Just, E., Ardelt, H. W.: Gas chromatographic determination of phosine in acetylene. Z. Chem. *5*, 388 (1965). — Anal. Abstr. *14*, 736 (1967).

[415] Devyatykh, G. G., Zorin, A. D., Frolov, I. F., Runovskaya: Gas chromatographic determination of traces of certain volatile hydrides in silane, germane and arsine. Tr. Komis. po Analit. Khim., Akad. Nauk. SSSR. *16*, 159 (1968). — Anal. Abstr. *16*, 613 (1969).

[416] Covello, M., Ciampa, G., Ciamillo, E.: Detection of arsenic in toxicologic analysis by gas solid chromatography. Farmaco, Ed. Prat. *22*, 218 (1967). — Anal. Abstr. *15*, 4070 (1968).

[417] Purnell, J. H., Walsh, R.: The pyrolysis of monosilane. Proc. Roy. Soc. (London) *A 293*, 543 (1966). — Gas Chromatog. Abstr. *1967*, 597.

[418] Franc, J., Mikes, F.: Microdetermination of siliconhydrogen bonds by gas chromatography. Collection Czech. Chem. Commun. *31*, 363 (1966). — Anal. Abstr. *14*, 2585 (1967).

[418a] Bruner, F., Cartoni, G. P.: Gas chromatographic separation of deuterated methanes. J. Chromatog. *18*, 390 (1965).

[418b] Gant, P. L., Yang, K.: Chromatographic separations of isotopic methanes. J. Am. Chem. Soc. *86*, 5063 (1964).

[419] Pappas, W. S., Million, J. G.: Improved techniques for corrosive fluoride gas chromatography. Anal. Chem. *40*, 2176 (1968).

[420] Harris, R. L., Mayo, T. J., Rossmassler, W. R., Williamson, E. L.: Adaptation of the chromatograph for the analysis for corrosive gases. AEC Accession No. 43369 Rept. No. CONF 721-1. — Chem. Abstr. *62*, 11122 (1965).

[421] Parissakis, G., Vranti-Piscou, D., Kontoyannakos, J.: Gas chromatographic investigation of metal chlorides. Z. Anal. Chem. *254*, 188 (1971).

[422] Sie, S. T., Bleumer, J. P. A., Rijnders, G. W. A.: Gas chromatographic separation of inorganic chlorides and its application to metal analysis. II. Determination of silicon in iron and steel. Separ. Sci. *2*, 645 (1967). — Anal. Abstr. *16*, 1873 (1969).

[423] Wilke, J., Losse, A., Sackmann, H.: Contribution to the gas chromatography of tetrachlorides: $SiCl_4$, $SnCl_4$ and $TiCl_4$. J. Chromatog. *18*, 482 (1965).

[424] Juvet, R. S., Fisher, R. L.: Gas-liquid chromatography of volatile metal fluorides. Anal. Chem. *37*, 1752 (1965).

[425] Ellis, C. P.: A method for the introduction of unstable solid metallic chlorides onto gas chromatography columns. Anal. Chem. *35*, 1327 (1963).

426) Zvarova, T. S., Zvara, I.: Separation of rare-earth elements by gas chromatography of their chlorides. J. Chromatog. *44*, 604 (1969).

427) Sie, S. T., Bleumer, J. P. A., Rijnders, G. W. A.: Gas chromatographic separations of inorganic chlorides and its application to metal analysis. I. Qualitative and quantitative aspects of the gas chromatographic separation procedure. Separ. Sci. *1*, 41 (1966). – Chem. Abstr. *65*, 16044 (1966).

428) Brazhnikov, V., Sakodynski, K.: Certain regularities in the retention of chlorine-containing inorganic and organometallic compounds. J. Chromatog. *38*, 244 (1968).

429) Brazhnikov, V. V., Sakodynski, K.: Gas chromatographic separation of some metal (and non-metal) chlorides. Anal. Abstr. *21*, 3239 (1971).

430) Rudzitis, E.: Separation of volatile fluorides by a combination of transiration and gas chromatographic techniques. Anal. Chem. *39*, 1187 (1967).

431) Dayan, V. H., Neale, B. C.: Chemical analysis of corrosive oxidisers. I. Gas chromatographic analysis of chlorine trifluoride. Advan. Chem. Ser. *54*, 223 (1965). – Chem. Abstr. *65*, 4664 (1966).

432) Zolty, S., Prager, M. J.: Detection of sub-ppm quantities of chlorine in air by electron capture gas chromatography. J. Gas Chromatog. *5*, 533 (1967).

433) Hasty, R. A.: A gas chromatographic method for the microdetermination of iodine. Mikrochim. Acta *1971*, 348.

434) Pennington, S. N.: Determination of oxidising agents by gas chromatography and iodometry. J. Chromatog. *36*, 400 (1968).

435) Zado, F. M., Fabecic, J., Zemva, B., Slivnik, J.: Gas chromatography of volatile xenon compounds. Elution behaviour of xenon difluoride. Croat. Chem. Acta *41*, 93 (1969). – Anal. Abstr. *19*, 44 (1970).

436) Zeljaev, I. A., Devjatych, G. G., Agliulov, N. K.: Gas chromatographic determination of micro contaminations in boron trichloride. Zh. Analit. Khim. *24*, 846 (1969).

437) Nutall, R.: Application of gas chromatography to the analysis of gas vapour atmospheres in semiconductor processes. J. Electrochem. Soc. *113*, 1293 (1966). – Anal. Abstr. *15*, 1332 (1968).

438) Gorbunov, A. I., Ermakova, V. Y., Antonov, I. S.: Chromatographic determination of some boron compounds. Gaz. Khromatogr., Moscow, Sb. *1964*, 85. – Chem. Abstr. *64*, 16626 (1966).

439) Ainshtein, S. A., Syavtsillo, S. V., Turkel'taub, N. M.: Gas chromatographic analysis of mixtures containing boron chloride. Gaz. Khromatogr., Akad. Nauk SSSR Tr. Vtoroi Vses. Konf., Moscow *1962*, 270. – Chem. Abstr. *62*, 4590 (1965).

440) Juvet, R. S., Fisher, R. L.: Quantitative gas chromatographic analysis of metals, alloys and metal oxides, carbides, sulphides and salts. Anal. Chem. *38*, 1860 (1966).

441) Dazord, J., Mongeot, H.: Gas chromatographic separation of difluorborane and ammonia at low temperature. Bull. Soc. Chim. France *1971*, 51.

442) Tadmor, J.: Separation of metal halides by gas chromatography. J. Gas Chromatog. *2*, 385 (1964).

443) Zvarova, T. S., Zvara, I.: Separation of transuranium elements by gas chromatography of their chlorides. J. Chromatog. *49*, 290 (1970).

444) Massone, J.: Separation of nitrogen trifluoride from carbon tetrafluoride by gas chromatography on poropak Q. Analysis of nitrogen trifluoride. Z. Anal. Chem. *235*, 341 (1968).

445) Richmond, A. B.: Separation of gaseous fluorides. U. S. Patent 3,125,425 (1964). – Chem. Abstr. *61*, 14232 (1964).

446) Priestley, L. J., Critchfield, F. E., Ketcham, N. H., Cavender, J. D.: Determination of subtoxic concentrations of phosgene in air by electron capture gas chromatography. Anal. Chem. *37*, 70 (1965).

446a) Graham, R. J., Stevenson, F. D.: Chromatographic separation of carbon dioxide, argon and phosgene by temperaturprogramming. J. Chromatog. *47*, 555 (1970).

447) Drennan, G. A., Matula, R. A.: Gas chromatographic separation of carbonyl fluoride and carbon dioxide. J. Chromatog. *34*, 77 (1968).

448) Popov, A. N., Gorbachev, V. M., Torgova, E. I.: Separating ability of gas chromatographic columns with stationary phases of various polarities towards mixtures of chlorosilanes and phosphorus chlorides. Izv. Sibirsk. Otd. Akad. Nauk SSSR. *1966*, Seri. Khim. Nauk 17. − Anal. Abstr. *15*, 1741 (1968).

449) Palamarchuk, N. A., Syavtsillo, S. V., Turkel'taub, N. M.: Gas chromatographic determination of impurities in monomeric-organosilicon compounds. Gaz. Khromatogr., Akad. Nauk SSSR, Tr. Vtoroi Vses Konf., Moscow *1962*, 303. − Chem. Abstr. *62*, 7117 (1965).

450) Rotzsche, H.: The detection of silicon hydride in chlorosilanes by gas chromatography. Z. Anorg. Allgem. Chem. *324*, 197 (1963).

451) Vrandi-Piskou, D., Parissakis, G.: Gas chromatography of the first members of the homologous serie Si_nCl_{2n+2}. J. Chromatog. *22*, 449 (1966).

452) Zado, F. M., Juvet, R. S.: Elution characteristics of metal chlorides from inorganic fused salt liquid phases. Gas Chromatography Rome Symposium 1966. Gas Chromatog. Abstr. *1968*, 56.

453) Sazonov, M. L., Alymova, T. E. *et al.*: Gas chromatographic determination of germanium in coal. Khim. Tverd. Topl. *1968*, 64. − Anal. Abstr. *17*, 881 (1969).

454) Becker, H. J., Chevallier, J., Spitz, J.: Gas chromatographic determination of tin in zircaloy. Z. Anal. Chem. *247*, 301 (1969).

455) Vlasov, L. G., Sychev, Y. N., Lapitskü, A. V.: Preparative separation of titanium and iron chlorides by gas adsorption chromatography. Vestn. Mosk. Univ. Ser. *II*, Khim. *17*, 55 (1962). − Chem. Abstr. *60*, 2530 (1964).

455a) Agliulov, N. K., Zueva, M. V., Devyatykh, G. G.: Gas chromatographic analysis of titanium tetrachloride for trace impurities. Zh. Analit. Khim. *24*, 1220 (1969). − Anal. Abstr. *20*, 1613 (1971).

456) Sievers, R. E., Wheeler, G., Ross, W. D.: Microanalysis of titanium by gas chromatography. Anal. Chem. *38*, 306 (1966).

457) Huillet, F. D., Urone, P.: Gas chromatographic analysis of reactive gases: The Cl_2, $NOCl$, NO_2Cl, NO_2 system. J. Gas Chromatog. *4*, 249 (1966).

458) Bukina, U. K., Prokop'eva, M. F.: Analysis of a mixture of chlorine, nitrosyl chloride and hydrogen chloride. Gaz. Khromatogr., Moscow, Sb. *1964*, 91. − Chem. Abstr. *64*, 18337 (1966).

459) Prokop'eva, M. F., Bukina, U. K.: Quantitative determination of gaseous chlorine, nitrosyl chloride and hydrogen chloride by gas-liquid chromatography. Uzbeksk. Khim. *7*, 30 (1963). − Chem. Abstr. *60*, 11354 (1964).

460) Prokop'eva, M. F., Bukina, U. K.: Dependence of the completeness of separation of nitrosyl chloride from chlorine in gas-liquid chromatography on the relative contents of the components. Uzbeksk. Khim. Zh. *1966*, 18. − Anal. Abstr. *14*, 1380 (1967).

461) Huillet, F. D.: Gas chromatography of reactive inorganic gases. The Cl_2-NOCl-NO_2Cl-NO_2-system. Dissertation Abstr. *26*, 6340 (1966).

462) Watanabe, N., Ishigaki, I., Yoshizawa, S.: Preparation of fluorine and its compounds. X. Electrode kinetics of the formation of nitrogen trifluoride. Denki Kagaku *32*, 674 (1964). − Chem. Abstr. *63*, 250 (1965).

463) Spears, L. G., Hackerman, N.: Analysis of fluorine, hydrogen fluoride, nitrogen trifluoride, trans dinitrogen difluoride and dinitrogen tetrafluoride mixture by gas chromatography. J. Gas Chromatog. *6*, 392 (1968).

464) Schwedt, G.: Gas chromatographic determination of traces of arsenic. Diss. Techn. Univ. Hannover 1971.

465) Parissakis, G., Vranti-Piscou, D., Kontoyannakos, J.: Gas chromatography of inorganic volatile chlorides. Study of resolution. Chromatographia *3*, 541 (1970).

466) Rotzsche, H., Stahlberg, R., Steger, E.: Gas chromatographic separation of phosphonitrile bromide chlorides. J. Inorg. Nucl. Chem. *28*, 687 (1966). – Gas Chromatog. Abstr. *1968*, 654.

467) Dennison, J. E., Freund, H.: Separation and determination of arsenic trichloride and tin tetrachloride by gas chromatography. Anal. Chem. *37*, 1766 (1965).

468) Tadmor, J.: Applications of isotopic exchange in gas chromatography. Anal. Chem. *36*, 1565 (1964).

469) Pitak, O.: Gas chromatography of inorganic fluorine compounds (1). III. Investigation of the separation of corrosive inorganic volatile fluorine compounds by means of gas adsorption chromatography. Chromatographia *3*, 29 (1970).

470) Lorine, D. J., Stevenson, F. D.: Separation of niobium oxychloride from niobium pentachloride in a gas chromatograph by temperature programming. J. Chromatog. *35*, 577 (1968).

471) Sychev, Y. N., Vlasov, L. G., Lapitskh, A. V.: Use of gas chromatographic principles for the preparation of iron-free niobium and tantalum chlorides. Issled Obl. Khim. Tekhnol. Minr. Solei Okislov, Akad. Nauk SSSR, Sb. Statei *1965*, 238. – Chem. Abstr. *65*, 1736 (1966).

472) Kesting, W. R., Crosslin, J. E., Bridwell, B. W.: Analysis of oxygen difluoride. J. Gas Chromatog. *4*, 307 (1966).

473) Yee, D. Y.: Gas chromatographic separation of oxygen difluoride. J. Gas Chromatog. *3*, 314 (1965).

474) Aubry, M., Gilot, B.: Gas chromatographic determination of some oxyhalides and oxides of sulphur. J. Chromatog. *32*, 180 (1968).

475) Emeléus, H. J., Tittle, B.: Synthesis of pentafluorsulphur chloride and sulphur oxide tetrafluoride in the microwave discharge. J. Chem. Soc. *1963*, 1644.

476) Pommier, C., Guicho, G.: Gas chromatographic analysis of metal carbonyls. J. Chromatog. Sci. *8*, 486 (1970).

477) Sundermann, F. W., Roszel, N. O., Clark, R. J.: Gas chromatography of nickel carbonyl in blood and respiratory air. Arch. Environ. Health *16*, 836 (1968). – Z. Anal. Chem. *248*, 280 (1969).

478) Sokolov, D. N., Sojfer, L.: Direct gas chromatographic determination of Cd and Zn in alloys. Zavodsk. Lab. *35*, 1025 (1969). – Z. Anal. Chem. *253*, 379 (1971).

479) Camera, E., Pravisani, D.: Gas chromatographic analysis of sulphur in a black powder (explosive). Chim. Ind. *47*, 1210 (1965). – Anal. Abstr. *14*, 1530 (1967).

480) Addison, R. F., Ackmann: Direct determination of elemental phosphorous by gas-liquid chromatography. J. Chromatog. *47*, 421 (1970).

481) Cermak, J., Franc, J.: Identification of some compounds formed in the direct synthesis of methylchlorosilanes. Collection Czech. Chem. Commun. *30*, 3278 (1965). – Anal. Abstr. *14*, 764 (1967).

482) Sivtsova, E. V., Kogan, V. B., Ogorodnikov, S. K.: Application of gas-liquid chromatography for the selection of stationary phase for use in analysing methylchlorosilane mixtures. Zh. Prikl. Khim. (Leningrad) *38*, 2609 (1965). – Anal. Abstr. *14*, 1476 (1965).

483) Kawazumi, K., Katacka, S., Maruyma, K.: Analysis of methylchlorosilanes by gas chromatography. Kogyo Kagaku Zasshi *64*, 784 (1961). – Chem. Abstr. *57*, 2832 (1962).

484) Garzo, T., Till, F., Till, I.: Gas chromatographic analysis of methylchlorosilanes. Magy. Kem. Folyoirat *68*, 327 (1962). – Gas Chromatog. Abstr. *1965*, 18.

485) Rotzsche, H.: Qualitative and quantitative gas chromatographic analysis of the reaction products of ferrosislicon and methyl chloride. Z. Anorg. Allgem. Chem. *328*, 79 (1964).

486) Lengyel, B., Garzo, G., Szekely, G.: On some problems concerning the gas chromatographic analysis of methylchlorosilanes. Acta Chim. Acad. Sci. Hung. *37*, 37 (1963). − Gas Chromatog. Abstr. *1965*, 315.

487) Ecknig, W., Rotzsche, H., Kriegsmann, H.: Separation and identification of hexamethylcyclotetrasiloxane isomers by a combination of analytical gas chromatography and infra-red spectroscopy. Vortr. Symp. Gas-Chromatog. *4*, Leuna, Ger. 1963. − Chem. Abstr. *60*, 2331 (1964).

488) Turkel'taub, M. M., Ainshtein, S. A., Syavtsillo, S. V.: Chromatographic determination of phenylchlorosilanes. Gaz. Khromatr., Moscow, Sb. *1964*, 118. − Chem. Abstr. *64*, 16633 (1966).

489) Davidson, I. M. T., Eaborn, C., Lilly, M. N.: Gas phase reactions of halogenoalkylsilanes. I. 2-Chloroethyltrichlorosilane. J. Chem. Soc. *1964*, 2624.

490) Snegova, A. D., Markov, L. K., Ponomarenko, V. A.: Gas chromatographic analysis of organosilicon and organogermanium compounds containing halogen. Zh. Analit. Khim. *19*, 610 (1964). − Chem. Abstr. *61*, 6402 (1964).

491) Knausz, D., Garzó, G., Gömöri, P., Telegdi, L.: The preparation and gas chromatographic determination of vinylchlorosilanes. Magy. Kem. Folyoirat *70*, 119 (1964). − Gas Chromatog. Abstr. *1965*, 27.

492) Thrash, C. R.: Retention data of silanic esters. J. Gas Chomatog. *2*, 390 (1964).

493) Wurst, M.: Gas chromatographic analysis of straight chain and cyclic poly (dimethylhydroxysilanes). Vortr. Symp. Gas-Chromatog. *4*, Leuna, Germ. *1963*, 318. − Chem. Abstr. *60*, 2334 (1964).

494) Nametkin, N. S., Shuinova, N. Y., Berezkin, V. G.: Gas-liquid chromatography of some unsaturated organosilicon compounds. Izv. Akad. Nauk SSSR, Ser. Khim. *1964*, 2080. − Anal. Abstr. *13*, 1339 (1966).

495) Pollard, F. H., Nickless, G., Thomas, D. B.: Chromatographic studies on organosilicon compounds. II. Pyrolysis of aryltrimethylsilanes. J. Chromatog. *22*, 286 (1966).

496) Connolly, J. W., Urry, G.: The Wurtz reaction of chloromethyltrimethylsilane, a classical study. J. Org. Chem. *29*, 619 (1964).

497) Bank, H. M., Saam, J. C., Speier, J. L.: The addition of sislcon hydrides to olefinic double bonds. IX. Addition of syn-tetramethyldisiloxane to hexene-1,-2 and -3. J. Org. Chem. *29*, 792 (1964).

498) Murray, J. G., Griffith, R. K.: Preparations of cyclic siloxazanes. J. Org. Chem. *29*, 1215 (1964).

499) Williams, A. F., Murray, W. J.: Study of some quantitative aspects of gas chromatography and applications to blasting explosives. Anal. Chem. Proc. Intern. Symp. Birmingham, England *1962*, 361. − Chem. Abstr. *60*, 3476 (1964).

500) Pollard, F. H., Nickless, G., Uden, P. C.: Chromatographic studies of silicon compounds. I. Use of a flame ionisation gauge in determination of retention data. J. Chromatog. *14*, 1 (1964).

501) Nametkin, N. S., Berezkin, V. G., Vanukova, N. Y., Vdivin, V. M.: Gas-liquid chromatography of some siliconhydrocarbons and paraffins. Neftekhimiya *4*, 137 (1964). − Anal. Abstr. *12*, 4640 (1965).

502) Birkofer, L., Ritter, A., Dickopp, H.: On the preparation of trimethylsilanol. Chem. Ber. *96*, 1473 (1963).

503) Niederprüm, H., Simmler, W.: On the knowledge of functional Si-heterocycles. III. 2, 6- and 2,5-disilapiperazine. Chem. Ber. *96*, 965 (1963).

504) Shackelford, J. M., De Schmertzing, H., Heuther, C. H., Podall, H.: Triethylsilyl-triethylgermane. J. Org. Chem. *28*, 1700 (1963).

505) Bortnikov, G. N., Kiselev, A. V., Vyasankin, N. S., Yashin, Y. I.: Gas chromatography of metal-organic compounds from the IV B group. Chromatographia *4*, 14 (1971).

506) Müller, R., Reichel, S., Dathe, C.: Trifluorsilyl substituted methanes and chloromethanes. Chem. Ber. *97*, 1673 (1964).

507) Semlyen, J. A., Phillips, C. S. G.: The compilation and correlation of retention data for alkyl silanes, germanes, digermanes and borazoles and some of their hydrocarbon analogues. J. Chromatog. *18*, 1 (1965).

508) Fessenden, R. J., Fessenden, J. S.: Reaktions of chloromethylalkylsilanes and quinoline. J. Org. Chem. *28*, 3490 (1963).

509) Simmler, W., Niederprüm, H., Walz, H.: On the knowledge of functional Si-heterocycles. VI. 1-Oxa-2,6-disilancyclohexanes. Chem. Ber. *97*, 1047 (1964).

510) Garzo, G., Fekete, J., Blasco, M.: Determination of the gas chromatographic retention indices of various organometallic compounds. Acta Chim. Acad. Sci. Hung. *51*, 359 (1967).

511) Bradley, D. C., Hill, D. A. W.: Reactions of titanium tetrachloride with ethoxychlorosilanes. J. Chem. Soc. *1963*, 2101.

512) Youdina, I., Youzhelevski, Y., Sakodynsky, K.: Chromatographic analysis of methyl(propyl)dimethylcyclosiloxanes. J. Chromatog. *38*, 240 (1968).

513) Semlyen, J. A., Walker, G. R., Phillips, C. S. G.: The chromatography of gases and vapours. XI. The preparation of some mixed hexa-alkyldigermanes and the elucidation of their isomed ratios. J. Chem. Soc. *1965*, 1197.

514) Geissler, H., Kriegsmann, H.: Analysis of butylin chlorides. Z. Chem. *4*, 354 (1964). – Gas Chromatog. Abstr. *1966*, 783.

515) Geissler, H., Kriegsmann, H.: Separation solvents for the gas chromatographic investigation of certain butyltin compounds. Z. Chem. *5*, 423 (1965). – Chem. Abstr. *64*, 11834 (1966).

516) Matsuda, H., Taniguchi, H., Matsuda, S.: Reactions between alkyl chlorides and tin. Kogyo Kagaku Zasshi *64*, 541 (1961). – Chem. Abstr. *57*, 3469 (1962).

517) Neumann, W. P., Pedain, J.: Organotin Compounds. V. Diethyl tin. Ann. *672*, 34 (1964).

518) Geissler, H., Kriegsmann, H.: Stationary phases for the gas chromatographic investigation of four butyltin chlorides. Z. Chem. *5*, 423 (1965). – Anal. Abstr. *14*, 4780 (1967).

519) Tonge, B. L.: The gas chromatographic analysis of butyl-, octyl- and phenyl-tin halides. J. Chromatog. *19*, 182 (1965).

520) Steinmeyer, R. D., Fentiman, A. F., Kahler, E. J.: Analysis of alkyltin bromides by gas-liquid chromatography. Anal. Chem. *37*, 520 (1965).

521) Neumann, W. P.: Recent results from the chemistry of organotin compounds. Angew. Chem. *75*, 225 (1963).

523) Kuivila, H. G., Verdone, J. A.: Substituent effects in the SE–$^1/2$ protonolysis of allyltins. Tetrahedron Letters *1964*, 119. – Gas Chromatog. Abstr. *1964*, 864.

524) Putnam, R. C., Pu, H.: Retention indices of organotins. J. Gas Chromatog. *3*, 160 (1965).

525) Putnam, R. C., Pu, H.: Retention of indices of organotins, II. J. Gas Chromatog. *3*, 289 (1965).

526) Sisido, K., Kozima, S., Takizawa, K.: Optically active organotin compounds. Preparation and reaction of (1-Methyl-2,2-diphenyl-cyclopropyl)trimethytin. Tetrahedron Letters *1967*, 33. – Gas Chromatog. Abstr. *1967*, 1112.

527) Baum, G. A., Considine, W. J.: Organotin chemistry. IV. Reduction of hexaorgano-ditins with lithium aluminium hydride. J. Org. Chem. *29*, 1267 (1964).

528) Köster, R., Larbig, W., Rotermund, G. W.: Boron compounds. VIII. Pyrolysis of alkyl and cycloalkyl boranes. Ann. *682*, 21 (1965).

529) Köster, R., Griasnow, G., Larbig, W., Binger, P.: Organoboran compounds by hydro-boration of olefins with alkyl diboranes. Ann. *672*, 1 (1964).

530) Chesunov, V. M., Gertsev, V. V.: Gas chromatography of borate esters. Nauchn. Tr. Mosk. Tekhnol. Inst. Legkoi Prom. *29*, 131 (1964). − Chem. Abstr. *63*, 7634 (1965).

531) Nagai, T., Matsuda, T.: Gas chromatographic analysis of methyl borate. Nippon Kaga-ku Zasshi *86*, 965 (1965). − Gas Chromatog. Abstr. *1969*, 26.

532) Nishiwaki, T.: The reactions of dialkyl hydrogen phosphites with alkyl vinyl ethers. Tetrahedron *21*, 3043 (1965). − Gas Chromatog. Abstr. *1966*, 631.

533) Rauhut, M. M., Semsel, A. M.: Reactions of elemental phosporous with organometal-lic compounds and alkyl halides. The direct sythesis of tertiary phosphines and cyclo-tetraphosphines. J. Org. Chem. *28*, 473 (1963).

534) Gudzinowicz, B. J., Driscoll, J. L.: Separation of alkyl/aryl and perfluorinated organo-arsenic compounds by gasliquid chromatography. J. Gas Cromatog. *1*, (5) 25 (1963).

535) Nesmeyanov, A. N., Yureva, L. P., Kochetkova, N. S., Vitt, S. V.: Separation of fer-rocene derivatives by gasliquid chromatography. Izv. Akad. Nauk SSSR, Khim. *1966*, 560. − Gas Chromatog. Abstr. *1969*, 30.

536) Tanikawa, K., Arakawa, K.: Organometallic compounds, IV. Determination of ferro-cene derivatives by gas chrmatography. Chem. Pharm. Bull. *13*, 926 (1965). − Anal. Abstr. *13*, 6912 (1966).

537) Harrison, R. M., Stevenson, F. J.: Gas chromatographic analysis of alkyl nitrites. J. Gas Chromatog. *3*, 240 (1965).

538) Camera, E., Pravisani, D., Ohman, V.: Gas-liquid chromatographic analysis of mix-tures of nitric esters with nitro compounds. Explosivstoffe *13*, 237 (1965). − Chem. Abstr. *64*, 1889 (1966).

539) Benes, J., Prochazkova, V.: Separation of some sulphides and ethers by gas chroma-tography. J. Chromatog. *29*, 239 (1967).

540) Evans, C. S., Johnson, C. M.: The separation of some alkyl selenium compounds by gas chromatography. J. Chromatog. *21*, 202 (1966).

541) Keller, J. S., Veening, H., Willeford, B. R.: Gas chromatographic separation and de-termination of isomeric methylbenzene tricarbonylchromiumcomplexes. Anal. Chem. *43*, 1516 (1971).

542) Thrash, C. R., Voisinet, D. L., Williams, K. E.: Analysis of phenylmethyldichloro-silane for phenyltrichlorosilane by reaction chromatography. J. Gas Chromatog. *3*, 248 (1965).

543) Heylmun, G. W., Pikula, J. E.: Analysis of methylfluorsilanes from methylpoly-siloxanes by gas chromatography. J. Gas Chromatog. *3*, 266 (1965).

544) Franc, J., Dvoracek, J.: Structure analysis of organosilicon compounds with help of gas chromatography. J. Chromatog. *14*, 340 (1964).

545) Longi, P., Mazzocchi, R.: Gas chromatographic analysis of organometallic com-pounds. Chim. Ind. (Milan) *48*, 717 (1966). − Chem. Abstr. *65*, 14431 (1966).

546) Perry, S. G.: Identification of microgram quantities of zinc dialkyl dithiophos-phates. A pyrolysis-gas chromatographic technique. J. Gas Chromatog. *2*, 93 (1964).

547) Nakashima, S., Toei, K.: Determination of ultramicro amounts of selenium by gas chromatography. Talanta *15*, 1475 (1968).

548) Shimoishi, Y., Toei, K.: Gas chromatographic determination of ultramicro amounts of selenium in pure sulphuric acid. Talanta *17*, 165 (1970).

549) Schwedt, G., Rüssel, H. A.: Gas chromatographic determination of arsenic as triphenyl arsane. Chromatographia *5*, in press.

550) Bock, R., Monerjan, A.: Separation and gas chromatographic determination of monovalent thallium as the cyclopentadienyl compound. Z. Anal. Chem. *235*, 317 (1968).

551) Koga, T., Hara, T.: Indirect gas chromatographic determination of palladium in aqueous solution. Bull. Chem. Soc. Japan *39*, 1353 (1966).

552) Hara, T., Koga, T., Takeda, H.: Indirect gas chromatographic determination of palladium in a aqueous solution. Bull. Chem. Soc. Japan *40*, 1634 (1967).

553) Bock, R., Semmler, H.-J.: Separation and determination of fluoride ions with the aid of silicum organic compounds. Z. Anal. Chem. *230*, 161 (1967).

554) Rüssel, H. A.: Gas chromatographic determination of fluoride in organ materials and body fluids. Z. Anal. Chem. *252*, 143 (1970).

555) Cropper, E., Puttnam, N. A.: The gas chromatographic determination of fluoride in dental creams. J. Soc. Cosmetic Chemists *21*, 533 (1970). – Chim. Anal. *53*, 424 (1971).

556) Fresen, J.-A., Cox, F. H., Witter, M. J.: Determination of fluoride in biological materials by means of gas chromatography. Pharm. Weekblad Ned. *103*, 909 (1968). – Anal. Abstr. *17*, 3619 (1969).

557) Belcher, R., Mayer, J. R., Rodriguez-Vazquez, J. A., Stephen, W. I., Uden, P. C.: A gas-chromatographic method for the determination of low concentration of chloride ion. Anal. Chim. Acta *57*, 73 (1971).

558) MacGee, J., Allen, K. G.: Alkylation and gas chromatography of aqueous solutions of inorganic halides. Anal. Chem. *42*, 1672 (1970).

559) Rüssel, H. A.: Determination of sulphate and nitrate as esters. Unpublished.

560) Butts, W. C.: Gas chromatography of trimethyl-derivates of anions. Anal. Letters *3*, 29 (1970).

561) Butts, W. C., Rainey, W. T.: Gas chromatography and mass spectrometry of the trimethylsilyl derivates of inorganic anions. Anal. Chem. *43*, 538 (1971).

562) Hashizume, T., Yukiko, S.: Determination of orthophosphate by gas chromatography. Anal. Biochem. *21*, 316 (1967).

563) Matthews, P. R., Shults, W. D., Guerin, M. R., Dean, J. A.: Extraction, derivatization and gas chromatographic determination of trace phosphate in aqueous media. Anal. Chem. *43*, 1582 (1971).

564) Wu, F. F. H., Goetz, J., Jamieson, W. D., Masson, C. R.: Determination of silicate anions by gas chromatographic separation and mass-spectrometric identification of their trimethylsilyl derivatives. J. Chromatog. *48*, 515 (1970).

565) Kramer, K.: Gas chromatographic determination of lead alkyls in petrol with the electron capture detector. Erdoel Kohle *19*, 182 (1966). – Anal. Abstr. *14*, 4082 (1967).

566) Parker, W. W., Hudson, R. L.: A simplified chromatographic method for separation and identification of mixed lead alkyls in gasoline. Anal. Chem. *35*, 1334 (1963).

567) Barrall, E. M., Ballinger, P. R.: Gas chromatographic analysis of lead alkyls with electron affinity detectors. J. Gas Chromatog. *1*, (8) 7 (1963).

568) Bonelli, E. J., Hartmann, H.: Determination of lead alkyls by gas chromatography with electron capture detector. Anal. Chem. *35*, 1980 (1963).

569) Cantuti, V., Cartoni, G. P.: The gas chromatographic determination of tetraethyllead in air. J. Chromatog. *32*, 641 (1968).

570) Pollard, F. H., Nickless, G., Uden, P. C.: Chromatographic studies on group IVB elements. I. Redistribution reactions of the tetraalkyls. J. Chromatog. *19*, 28 (1965).

571) Soulages, N. L.: Determination of methyl ethyl lead alkyls and halide scavengers in gasoline by gas chromatography and flame ionisation detection. Anal. Chem. *39*, 1340 (1967).

572) Soulages, N. L.: The analysis of lead antiknock additives by gas chromatography. J. Gas Chromatog. *6*, 356 (1968).

573) Soulages, N. L.: Simultaneous determination of lead alkyls and halide scavengers in gasoline by gas chromatography with flame ionisation detection. Anal. Chem. *38*, 28 (1966).

574) Westöö, G.: Determination of methylmercury compounds in foodstuffs. I., Acta Chem. Scand. *20*, 2131 (1966).

575) Westöö, G.: Determination of methylmercury compounds in foodstuffs. Determination of methylmercury in fish, egg, meat and liver. Acta Chem. Scand. *21*, 1790 (1967).

576) Moshier, R. W., Sievers, R. E.: Gaschromatography of metal chelates. Oxford: Pergamon Press 1965.

577) Belcher, R.: Recent developments in analytical chemistry. Chim. Anal. *48*, 375 (1966).

578) Nickless, G.: Chromatographic technique in inorganic chemistry. Lab. Pract. *16*, 1238 (1967). — Anal. Abstr. *16*, 13 (1969).

579) Sievers, R. E., Eisentraut, K. J. *et al.*: Microanalysis by gas-chromatography: Determination of metals in lunar dust and rock. VI. Intern. Symp. Mikrochem. Graz 1970, Vol. B. 247.

580) Genty, C., Houin, C., Malherbe, P., Schott, R.: Determination of trace quantities of aluminium and chromium on uranium by gas phase chromatography. Anal. Chem. *43*, 235 (1971).

581) Sievers, R. E., Connolly, J. W., Ross, W. D.: Metal analysis by gas chromatography of chelates of heptafluorodimethyloctanedione. J. Gas Chromatog. *5*, 241 (1967).

582) Durbin, R. P.: I. Characterisation of the flame photometric detector for gas chromatography. II. Thermodynamics of some metal β-diketonates via gas-liquid chromatography. Dissertation Abstr. *B 27*, 710 B (1966).

583) Belcher, R., Jenkins, C. R., Stephen, W. I., Uden, P. C.: Preparative gas chromatography of volatile metal compounds. I. Separation of aluminium, chromium and iron β-diketonates. Talanta *17*, 455 (1970).

584) Belcher, R., Majer, R. J., Perry, R., Stephen, W. I.: Volatile chelates of alkali metals. Anal. Chim. Acta *45*, 305 (1969).

585) Majer, J. R.: Examination of metal chelates by gas chromatography and mass spectrometry. Sci. Tools *15*, 11 (1968). — Anal. Abstr. *17*, 703 (1969).

586) Taitiro, F., Tooru, K., Shigeo, M.: Gas chromatography of metal chelates with carrier gas containing ligand vapour. Talanta *18*, 429 (1971).

587) Taylor, M. L., Arnold, E. I.: Ultratrace determination of metals in biological specimens-quantitative determination of beryllium by gas-chromatography. Anal. Chem. *43*, 1328 (1971).

588) Schwarberg, J. E., Moshier, R. W.: Feasibility of gasliquid chromatography for quantitative determination of Al(III), In(III), Ga(III) and Be(II) trifluoracetylacetonates. Talanta *11*, 1213 (1964).

589) Ross, W. D., Sievers, R. E.: Ultra trace analysis of beryllium by gas chromatography. Gas Chromatog. Symp. (ed. A. B. Littlewood). Rome: 1966. — Gas Chromatog. Abstr. *1968*, 55.

590) Noweir, M. H., Cholak, J.: Gas chromatographic determination of beryllium in biological materials and air. Environ. Sci. Technol. *3*, 927 (1969). — Z. Anal. Chem. *254*, 163 (1971).

591) Taylor, M. L., Arnold, E. L., Sievers, R. E.: Rapid microanalysis for beryllium in biological fluids by gas chromatography. Anal. Letters *1*, 735 (1968).

592) Foreman, J. K., Gough, T. A., Walker, E. A.: The determination of traces of beryllium in human and rat urin samples by gas chromatography. Analyst *95*, 797 (1970).

Literatur

592a) Kaiser, G., Grallath, E., Tschöpel, P., Tölg, G.: Contribution to the optimization of the chelate gas chromatographic determination of beryllium in limited amounts of organic materials. Z. Anal. Chem. *259*, 257 (1972).

592b) Eisentraut, K. J., Griest, J., Sievers, R. E.: Ultratrace analysis for beryllium in terrestral meteoric, and Apollo 11 and 12 lunar samples using electron capture gas chromatography. Anal. Chem. *43*, 2003 (1971).

593) Shigematsu, T., Matsui, M., Utsunomiya, K.: Gas chromatography of metal chelates with diisobuthyrylmethane (2,6-dimethylheptane-3,5-dione). Bull. Inst. Chem. Res., Kyoto Univ. *46*, 256 (1968). — Anal. Abstr. *19*, 1009 (1970).

594) Schwarberg, J. E., Sievers, R. E., Moshier, R. W.: Gas chromatographic and related properties of the alkaline earth chelates with 2,2,6,6,-tetramethyl-3,5-heptanedione. Anal. Chem. *42*, 1828 (1970).

595) Morie, G. P., Sweet, T. R.: Determination of aluminium and iron by solvent extraction and gas chromatography. Anal. Chim. Acta *34*, 314 (1966).

596) Scribner, W. G., Treat, W. J., Weis, J. D., Moshier, R. W.: Solvent extraction of metal ions with trifluoroacetylacetone. Anal. Chem. *37*, 1136 (1965).

597) Ross, W. D., Sievers, R. E., Wheeler, G.: Quantitative ultratrace analysis of mixtures of metal chelates by gas chromatography. Anal. Chem. *37*, 598 (1965).

598) Dono, T., Ishihara, Y., Satto, K., Nakazawa, T.: Gas chromatography of the thenoyltrifluoroacetone complex of aluminium. Bunseki Kagaku *15*, 181 (1966). — Gas Chromatog. Abstr. *1969*, 733.

599) Tanaka, M., Shono, T., Shinra, K.: Gas-chromatography of metals as β-diketone complexes. J. Chem. Soc. Japan, Pure Chem. Sect. *89*, 669 (1968). — Anal. Abstr. *19*, 57 (1970).

600) Moshier, R. W., Schwarberg, J. E.: Determination of iron, copper and aluminium (in alloys) by gas-liquid chromatography. Talanta *13*, 445 (1966).

601) Miyazaki, M., Kaneko, H.: Feasibility of gas-chromatography for ultramicro determination of aluminium in biological materials. Chem. Pharm. Bull. *18*, 1933 (1970). — Anal. Abstr. *21*, 1290 (1971).

602) Morie, G. P., Sweet, T. R.: Analysis of mixtures of aluminium and indium by solvent extraction and gas chromatography. Anal. Chem. *37*, 1552 (1965).

603) Belcher, R., Majer, J. R., Stephen, W. I., Thomson, I. J., Uden, P. C.: The gas chromatography, thermal analysis and mass spectrometry of fluorinated lead β-diketones. Determination of traces of lead by the intergrated ioncurrent technique. Anal. Chim. Acta *50*, 423 (1970).

604) Tanikawa, K., Ochi, H., Arakawa, K.: Gas chromatographic separation of metalpivaloyltrifluoroacetonates. Japan Analyst *19*, 1669 (1970). — Z. Anal. Chem. *255*, 53 (1971).

605) Miyasaki, M., Imanari, T., Kunugi, T., Tamura, Z.: Gas chromatography of copper (II) and nickel (II) chelates of some β-ketoimine derivatives of 2,4-pentadione and salicylaldehyde. Chem. Pharm. Bull. *14*, 117 (1966). — Chem. Abstr. *64*, 14937 (1966).

606) Tanikawa, K., Hirano, K., Arakawa, K.: Organometallic compounds. V. Gas chromatographic analysis of metal trifluoroacetylacetonates. Chem. Pharm. Bull. *15*, 915 (1967). — Anal. Abstr. *15*, 5857 (1968).

606a) Barratt, R. S., Belcher, R., Stephen, W. I., Uden, P. C.: The gas chromatography of beryllium and zinc oxyacetates. Anal. Chim. Acta *57*, 447 (1971).

607) Fujinaga, T., Kumamoto, T., Ono, Y., Gas chromatographic determination of scandium as acetylacetonate and trifluoroacetylacetonate. Nippon Kagaku Zasshi *86*, 1294 (1965). — Gas Chromatog. Abstr. *1967*, 464.

608) Eisentraut, K. J., Sievers, R. E.: Volatile rare earth chelates. J. Am. Chem. Soc. *87*, 5254 (1965).

608a) Anonym: Gas chromatography separated rare earth. Chem. Eng. News *43*, 39 (1965).

609) Shigematsu, T., Matsui, M., Utsunomiya, K.: Gas chromatography of rare-earth chelates of pivaloyltrifluoroacetone (1,1,1-trifluoro-5,5,dimethylhexane-2,4-dione). Bull. Chem. Soc. Japan *42*, 1278 (1969).

610) Butts, W. C., Banks, C. V.: Solvent extraction and gas chromatography of the rare earth mixed-ligand complexes of hexafluoroacetylacetone and tri-n-butylphosphate. Anal. Chem. *42*, 133 (1970).

611) Shigematsu, T., Matsui, M., Utsunomiya, K.: Gas chromatography of rare-earth-metal chelates of pivaloyltrifluoroacetone. Bull. Chem. Soc. Japan *41*, 763 (1968).

612) Tanaka, M., Shono, T., Shinra, K.: Thermogravimetric analysis and gas chromatography of rare-earth-metal chelates of trifluoroacetylpivaloylmethane (1,1,1-trifluoro5-5-dimethyl-hexane-2,4-dione). Anal. Chim. Acta *43*, 157 (1968).

613) Springer, C. S., Meck, D. W., Sievers, R. E.: Rare earth chelates of 1,1,1,2,2,3,3-heptafluoro-7,7-dimethyl-4,6-octandione. Inorg. Chem. *6*, 1105 (1967).

613a) Utsunomiya, K.: Gas chromatography of rare earth chelates of isobutyrylpivaloylmethane. Anal. Chim. Acta *59*, 147 (1972).

614) Sieck, R. F., Richard, J. J., Iversen, K., Banks, C. V.: Determination of uranyl and thorium (IV) by gas chromatography of volatile mixed-ligand complexes. Anal. Chem. *43*, 913 (1971).

615) Fontaine, R., Santoni, B., Prommier, C., Guiochon, G.: Preparation and gas chromatographic analysis of thorium and uranium chelates. Chromatographia *3*, 532 (1970).

616) Jacquelot, P., Thomas, G.: Gas chromatography of vanadyl trifluoroacetylacetonate. Bull. Soc. Chim. France *1970*, 3167.

617) Veening, H., Huber, J. F. K.: Phenomena which influence the retention of metal fluoroacetylacetonates in gas-liquid chromatography. J. Gas Chomatog. *6*, 326 (1968).

618) Savory, J., Mushak, P., Sunderman, F. W., Estes, R. M., Roszel, N. O.: Gas chromatographic micro determination of chromium in biological materials. Anal. Chem. *42*, 294 (1970).

619) Booth, G. H., Darby, W. J.: Determination by gas-liquid chromatography of physiological levels of chromium in biological tissues. Anal. Chem. *43*, 831 (1971).

620) Savory, J., Mushak, P., Sunderman, F. W.: Gas chromatographic determination of chromium in serum. J. Chromatog. Sci. *7*, 674 (1969).

621) Hansen, L. C., Scribner, W. G., Gilbert, T. W., Sievers, R. E.: Rapid analysis for subnanogram amounts of chromium in blood and plasma using electron capture gas chromatography. Anal. Chem. *43*, 349 (1971).

622) Ross, W. R., Sievers, R. E.: Quantitative analysis for trace chromium in ferrous alloys by electron capture gas chromatography. Anal. Chem. *41*, 1109 (1969).

623) Uden, P. C., Jenkins, C. R.: Adsorption and displacement effects in the gas-chromatography of metal β-diketonates. Talanta *16*, 893 (1969).

624) Veening, H., Bachmann, W. E., Wilkinson, D. M.: Preparation and gas chromatography of cobalt (III) and ruthenium (III) fluoroacetylacetonates. J. Gas Chromatog. *5*, 248 (1967).

625) Jacquelot, P., Thomas, G.: Determination of nickel and cobalt by gas chromatography of mixed complexes with trifluoroacetylacetone and dimethylformamide. Bull. Soc. Chim. France *1971*, 702.

626) Stephen, W. J., Thomson, I. J., Uden, P. C.: Gas-chromatography of transition-metal monothioacetylacetonates. Chem. Commun. *1969*, 269.

626a) Barratt, R. S., Belcher, R., Stephen, W. I., Uden, P. C.: The determination of traces of nickel by gas-liquid chromatography. Anal. Chim. Acta *59*, 59 (1972).

626b) Bayer, E., Müller, H. P., Sievers, R.: Hexafluormonothioacetylacetone-a new ligand for gas chromatographic separation of d^8-metals. Anal. Chem. *43*, 2012 (1971).

Literatur

627) Karayannis, N. M., Corwin, A. H.: Volatilisation and separations of metal acetyl-
acetonates at 115° by hyper-pressure gas-chromatography. J. Chromatog. Sci. *8*,
251 (1970).
628) Karayannis, N. M., Corwin, A. H.: Hyper-pressure gas chromatography. VI. Gas
chromatography of etioporphyrin-metal-II-chelates. J. Chromatog. *47*, 247 (1970).
629) Karayannis, N. M., Corwin, A. H., Baker, E. E., Klesper, E., Walter, J. A.: Apparatus
and materials for hyperpressure gas-chromatography of nonvolatile compounds.
Anal. Chem. *40*, 1736 (1968).

Eingegangen am 1. März 1972

Fortschritte der chemischen Forschung
Topics in Current Chemistry

Neuere Bände

Band 17
W. Demtröder:
Laser Spectroscopy
With 16 fig. III,95 pages
1971

Band 18
R. C. Bingham/
P. v. R. Schleyer:
Chemistry of Adamantanes
With 4 fig. III,102 pages
1971

Band 19
L. Maier and G. Zon/
K. Mislow: The Chemistry
of Organophosphorus
Compounds I
With 11 fig. III,94 pages
1971

Band 20
H. J. Bestmann/
R. Zimmermann:
The Chemistry of Organo-
phosphorus Compounds II
With III,147 pages
(In German)
1971

Band 21
L. Eberson/H. Schäfer:
Organic Electrochemistry
With 10 fig. III,182 pages
1971

Band 22
W. Kutzelnigg/G. Del Re/
G. Berthier:
σ and π Electrons
in Organic Compounds
With 8 fig. III, 122 pages
1971

Band 23
M.J.S. Dewar and
W.B. England/L.S. Salmon/
K. Ruedenberg:
Molecular Orbitals
With 40 fig. and 5 tables
III,123 pages
1971

Band 24
H. Fischer and J.F. Labarre/
F. Crasnier: Electronic
Structure of Organic
Compounds
With 12 fig. III,54 pages
1971

Band 25
J. Manassen, R.L. Banks,
W. Strohmeier,
G.-M.Schwab, F.Steinbach:
Catalysis
With 26 fig. III,154 pages
1972

Band 26
J.L. Margrave/K.G. Sharp/
P.W.Wilson, A.Meller, and
G.D. Christian:
Inorganic and Analytical
Chemistry
With 6 fig. III, 112 pages
1972

Band 27
B. Kratochvil/H.L. Yeager,
V.Gutmann, and S.L.Smith:
Nonaqueous Chemistry
With 46 fig. III, 187 pages
1972

Band 28
G. Häfelinger, J. Tsuji,
L.D. Pettit/D.S. Barnes,
H. Werner:
π Complexes of Transition
Metals
With 11 fig. III, 181 pages
1972

Band 29
P.P.Fietzek/K.Kühn,
H.Clever, H. Krech,
W. Marks, and F.Oehme:
Automation in Analytical
Chemistry
With 32 fig. III, 103 pages
1972

Band 30
A.Weiss, L.Guibé, W.Zeil,
and E.A.C. Lucken:
Nuclear Quadrupole
Resonance
With 23 fig. III, 173 pages
and 4 pages Author index
1972

Band 31
D.J. Cram/J.M. Cram,
A. Pullman, and K.F.Freed:
Stereo- and Theoretical
Chemistry
With 48 fig. III, 139 pages
1972

Springer - Verlag
Berlin · Heidelberg · New York
London München Paris Sydney Tokyo Wien

H. Determann
Gel Chromatography

Gel Filtration · Gel Permeation
Molecular Sieves A Laboratory Handbook

By Dr. phil. nat.
Helmut Determann,
Privatdozent,
Institut für
Organische Chemie
der Universität
Frankfurt am Main

Translation
(by Dr. Erhard Gross,
Bethesda, Md., and
Dr. John M. Harkin,
Madison, Wis.,)
of the German
Edition of Determann
„Gelchromatographie"

Second edition
With 40 figures
XII, 202 pages
1969

From the Book Reviews of the 1st Edition:
Dr. Determann's book is an up-to-date, complete and reliable guide to this technique, to which it supplies an introduction. No laboratory concerned with the separation and characterization of organic compounds of moderate or high molecular weight can afford to be without it.

Chemistry in Britain

From the Book Reviews of the German Edition:
The method of gel chromatography has within a short space of time become a valuable technique used in many chemical and medical laboratories. Its wide scope explains why most reviews describe only parts of the field, or fail to give a comprehensive account of experimental details. The present book closes this gap. Five chapters describe the present state of gel chromatography. The practical section which describes the gels, the apparatus, and the experimental techniques will be most useful to the novice. – In the theoretical section, the attempt by the author to compare critically the different postulates about gel chromatography will stimulate the reader to reflect our ideas concerning the method and to carry out further experiments. The detailed descriptions and the numerous literature references make this book a valuable guide for all faced by fresh problems in this field. It is to be hoped that this book will receive the attention it deserves by workers engaged in the study of those disciplines in which this technique can be used.

Angewandte Chemie, International Edition